滚动轴承性能退化评估与剩余寿命预测

周建民 ◎ 著

西南交通大学出版社
·成 都·

图书在版编目（ＣＩＰ）数据

滚动轴承性能退化评估与剩余寿命预测 / 周建民著
. 一成都：西南交通大学出版社，2023.6
ISBN 978-7-5643-9304-5

Ⅰ．①滚… Ⅱ．①周… Ⅲ.①滚动轴承 – 性能衰降 –
研究②滚动轴承 – 产品寿命 – 预测 – 研究 Ⅳ.
①TH133.33

中国国家版本馆 CIP 数据核字（2023）第 093896 号

Gundong Zhoucheng Xingneng Tuihua Pinggu yu Shengyu Shouming Yuce

滚动轴承性能退化评估与剩余寿命预测

周建民　著

责任编辑	黄淑文
封面设计	原谋书装

出版发行	西南交通大学出版社
	（四川省成都市金牛区二环路北一段 111 号
	西南交通大学创新大厦 21 楼）
邮政编码	610031
发行部电话	028-87600564　　　028-87600533
网址	http://www.xnjdcbs.com
印刷	成都蜀通印务有限责任公司

成品尺寸	185 mm × 260 mm
印张	12.25
字数	283 千
版次	2023 年 6 月第 1 版
印次	2023 年 6 月第 1 次
书号	ISBN 978-7-5643-9304-5
定价	68.00 元

前　言

滚动轴承是机电装备中的关键基础部件,广泛应用于国民经济及国防建设的各行各业各个领域。滚动轴承也是机电装备中较易发生故障的零部件之一,一旦出现故障或性能退化,将会严重影响机电装备的安全可靠运行,甚至造成长时间停机从而导致较大经济损失。因此,对滚动轴承进行状态监测、故障诊断、性能退化评估及剩余寿命预测等就具有极其重要的意义。随着深度学习等知识的成熟运用,国内外大量学者开展了大量卓有成效的工作,本书以滚动轴承为研究对象,从振动机理及动力学特性分析出发,将机理研究与信号分析处理及深度学习算法等相结合,研究了滚动轴承的故障诊断、性能退化评估及剩余寿命预测方法。

本书共分 9 章。第 1 章为绪论,简要介绍国内外关于滚动轴承的特征提取、智能故障诊断、性能退化评估以及剩余使用寿命预测技术等方法;第 2 章主要针对滚动轴承进行了振动机理分析、故障特征分析,并对滚动轴承的动力学特性进行了研究;第 3 章介绍滚动轴承振动信号的时域、频域、时频域特征提取方法,特征优选方法,以及基于深度学习的特征学习方法;第 4 章介绍将振动信号转换为图像信号后,使用 VGGNet16、迁移学习、WGAN 等方法的滚动轴承故障诊断方法;第 5 章介绍基于支持向量机与单分类支持向量机等优化模型后的滚动轴承性能退化评估方法;第 6 章介绍基于支持向量数据描述方法的滚动轴承性能退化评估方法;第 7 章介绍基于概率建模、基于边界距离和基于融合概率建模边界距离的三种滚动轴承性能退化评估方法;第 8 章介绍基于径向基神经网络的滚动轴承性能退化评估方法与剩余寿命预测方法;第 9 章介绍结合卷积注意力与长短时记忆网络的滚动轴承剩余寿命预测方法。

本书是在作者及团队成员张龙、涂文兵等博士多年来的研究成果的基础上整理而成。已毕业的研究生徐清瑶、黎慧、郭慧娟、余加昌、王发令、张臣臣、尹文豪、游涛、陈超、高森、李家辉、熊文豪等在算法实现及验证等方面做了大量工作,在读研究生杨晓彤、王云庆、夏晓枫、刘露露在书稿撰写、校对过程中付出了很多努力。书籍编写过程中得到了我所在的单位华东交通大学载运工具与装备教育部重点实验室同事的大力支持和帮助,在此一并表示感谢。

本书相关研究成果得到了国家自然科学基金项目(51865010,51965018)以及江西省自然科学基金项目(20161BAB216134)等的资助,特此表示感谢。

由于作者水平及学识有限,书中难免存在不足之处,恳请各位读者及专家批评指正。

作　者

2023 年 2 月

目　录

【 第 1 章 】 >>>>
绪　论

　　滚动轴承作为机械系统中典型的关键传动部件，在机电装备中主要起承载及传动作用，广泛应用于航空航天、交通装备、机械、冶金、电力等国民经济及国防建设的各行各业的各个领域。滚动轴承因经常受变速变载、冲击等循环作用，故成为机械传动系统中较易发生故障的零部件之一，一旦发生损伤、故障，就会引起装备振动加剧，从而加速其性能退化，造成机械装备长时间停机从而导致经济损失，甚至引发安全事故。因此，滚动轴承的运行状态对保障机械装备安全可靠运行具有举足轻重的作用，对其运行状态进行监测、性能评估以及预测其剩余寿命具有非常重要的学术意义及实用价值。因此，我国的《国家中长期科学和技术发展规划纲要（2006—2020 年）》[1]、国家自然科学基金委员会发布的《机械工程学科发展战略报告（2021—2035）》[2]均将重大装备的可靠性运行、故障诊断及智能运维等技术的研究列为重要研究方向。

　　在大型机电装备中，滚动轴承作为一种最常用的承载和传动部件，通常其工作环境较为恶劣，一旦出现润滑不足、偏载或负载超额等情况，在长期运行条件下，滚动轴承的内圈、外圈、滚动体及保持架就会出现不同程度的磨损、裂纹、烧蚀、断裂等故障，从而导致轴承性能发生退化直至失效。对轴承进行故障诊断、剩余寿命预测以及性能退化评估，国内外许多学者开展了大量理论研究，其中以基于振动信号的处理用得最多。基于振动信号的故障诊断任务主要是一个特征提取、模式识别问题，通常，对于复杂旋转设备的轴承故障进行智能诊断需要包括以下 3 个环节[3]：

　　（1）信号的获取：通过多个传感器获得能够反映轴承各部件健康状况的不同信号。

　　（2）信号特征的提取：通过分析前一环节所获取的反映健康状况的监测数据，采取时域、频域或时频域分析等手段提取出能揭示故障信息的重要特征。

　　（3）故障的智能识别：通过对提取的故障特征进行分析，采用智能算法对故障位置、类型、损害程度进行判断。

　　图 1.1 所示即为常见的故障诊断流程[4]。

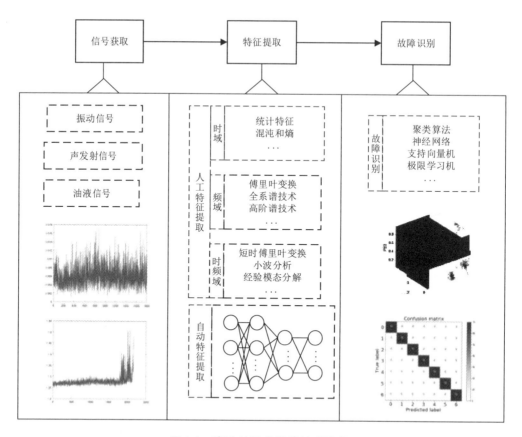

图 1.1   滚动轴承的故障诊断流程

本章主要基于振动信号分析，简要介绍轴承状态监测、故障诊断的特征提取及故障识别、性能退化评估和剩余寿命预测的国内外研究现状。

1.1   滚动轴承振动信号的特征提取

针对滚动轴承运行状态高效监测问题，通常利用若干个特征来表征轴承从正常运行状态到完全失效状态的损伤程度变化趋势。当滚动轴承某部分出现故障时，其滚子和滚道间通常会激发出某种特殊的振动信号，针对这一特性，只要采用合理的特征提取方法，即可从大量的振动信号中提取出有效的故障信息。

常用的振动信号特征分为：时域统计特征、频域统计特征以及时频域统计特征。一般来说，时域统计特征是通过对振动信号进行时域分析得到的与条件相关的特征。在时域分析中，使用振动信号的均值、标准差、方根幅值、均方根值、峰值因子、裕度、峭度、波形因子、脉冲指标等作为监测指标来评估轴承运行的状态，通常不需要计算轴承的特征频率[5]。当监测指标超出设定的阈值时，则判断轴承出现故障。由于时域特征对噪声过分敏感，导致使用单一传统时域分析的方法在故障诊断中很少被使用。

频域分析是描述信号的功率或能量随频率变化的方法。与时域特征参数类似，在频域内构造频谱幅值均值、幅值方差、谱峭度等特征。和时域分析相比，频域分析的优点主要集中在信号中有用频段的简易识别和分离[7]。通过监测轴承信号谱及其扩展谱（双谱、倒谱图等）中的特征频率部分即可判断轴承的运行状态。针对不同类型的故障，轴承振动信号表现出平稳或非平稳两种状态，其中平稳故障信号（如固定轴承环故障产生的信号）通常采用频域分析技术，非平稳故障信号（如旋转轴承环故障产生的信号）一般不适合使用频域分析技术，特别是在轴承故障早期的监测中，严重的背景噪声会影响频域分析的效果，一般可采用该技术与其他方法结合使用。综合上述内容，单独的时域或频域分析技术并不能满足全面监测轴承运行状态这一实际需求，为解决这一问题，许多学者综合时域分析和频域分析的相关特点，提出时频域分析技术[9]。

时频域分析技术主要包括短时傅里叶变换（The Short-Time Fourier Transform，STFT）、小波变换（Wavelet Transform，WT）、自适应分解方法以及基于熵的方法等，区别于单独使用时域或频域分析技术，时频域分析技术针对非平稳信号和瞬态信号均具有良好的处理效果。下面就这几种方法进行简单介绍。

小波变换最早由 Morle 于 1974 年提出，该方法是在短时傅里叶变换局部化的思想上发展演变而来。在轴承故障诊断领域，小波变换以其灵活的多分辨率特性成为最常用的时频域分析技术。作为内积变换的一种，小波变换采用预设的小波基函数来分析信号的非平稳性，并匹配特定的故障状态。根据信号分解方式，小波变换可分为连续小波变换（Continuous Wavelet Transform，CWT）、离散小波变换（Discrete Wavelet Transform，DWT）和小波包变换（Wavelet Packet Transformation，WPT）。小波变换以小波为基，从实测振动信号中提取瞬态信号。离散小波变换则离散化基本小波的尺度和平移。小波包变换是一种更广泛的小波分解方法，其对信号低频成分进行分解的同时，亦对信号高频成分进行分解。

自适应分解是一种数据驱动的信号分析方法，该方法不需要任何先验知识来匹配信号特征，也不需要对时域、频域和时频域中表示信号的方式施加任何约束，可以实现脱离人工干预的自动分解。针对信号的瞬态特征以及由故障激发的局部特征，自适应分解均能有效表征。自适应分解方法[10]可分为经验模态分解（Empirical Mode Decomposition，EMD）、集成经验模态分解（Ensemble Empirical Mode Decomposition，EEMD）、局部均值分解（Local Mean Decomposition，LMD）、经验小波变换（Empirical Wavelet Transform，EWT）和变分模态分解（Variational Mode Decomposition，VMD）。EMD 通过将复杂的原信号自适应分解为一组固有模态函数（Intrinsic Mode Function，IMF）分量，EMD 既适用于线性平稳信号，亦适用于非线性非平稳信号。值得注意的是，EMD 方法存在过包络、欠包络、模态混淆、端点效应等不足，这在一定程度上影响了其在轴承故障诊断领域的广泛应用。为了解决这一问题，许多基于 EMD 的改进方法被提出。如 Wu[11]等提出了EEMD 方法，该方法在 EMD 基础上引入了噪声辅助分析，这一改进有效抑制了 EMD 中存在的模态混叠等问题。Smith[12]于 2005 年提出了 LMD 方法，该方法改善了幅度和频率调制信号的解调性能。对比 EMD 和 EEMD，LMD 通过直接计算各乘积函数的瞬时频率（Instantaneous Frequency，IF），避免了引入希尔伯特变换（Hilbert Transform，HT）带来的额外计算量。然而 LMD 方法依然存在端部效应、模态混合、迭代终止准则和滑动步长难以确定等问题。Gilles[13]于 2013 年提出了 EWT，EWT 利用自适应小波提取原始信号中的调频和调幅分量，该方法在继承小波变换优点的同时亦具备 EMD 的优点。Dragomiretskiy[14]于 2014 年提出了变分模式分解，通过将多成分信号分解成带限固有模式函数的集合，这一特性使得变分模式分解在信号去噪领域得到了大量学者的关注。

熵最初是由 Shannon 于 1948 年提出的用来描述系统的混乱（复杂）程度的一种统计测度，通过时间序列的非线性行为来衡量系统复杂性。通过对熵的大量研究，熵的优点被一一发掘，其具备的高分类精度、强聚类、抗噪声以及不依赖先验知识等特性，使熵成为旋转机械故障诊断领域提取信号动态特征的有力工具。通过对原始熵的研究和改进，大量针对非线性信号处理的改进熵被提出，如 Renyi 熵、近似熵、样本熵、排列熵和模糊熵等。

除上述传统的故障特征提取方法外，近年来，还涌现了大量新的故障信息提取方法，如谱峭度、形态学算子等。Antoni[15]对谱峭度理论在旋转设备故障诊断领域的应用进行了详细的定义和拓展。Feng J 等[16]利用最大相关峭度反褶积（Maximum Correlation Kurtosis Deconvolution，MCKD）来突出原始信号中的周期性脉冲分量，并进一步利用峭度指标选择信号的共振频带，通过生成后的包络谱对轴承进行故障诊断。张龙等[17]提出增强的快速谱峭度方法来进行轴承故障诊断，该方法将快速谱峭度法中滤波后时域信号的峭度值替换为包络谱带通峭度。Raj 等[18]提出利用峭度算法挑选形态算子的结构元素，并将其应用于轴承的早期故障诊断。针对机械设备的弱故障诊断问题，Li 等[19]提出了选择信息频带的模糊技术。Liao 等[20]利用改进遗传算法提出自动滤波方法并应用于故障信号的提取，该方法能有效去除故障信号中的噪声。

1.2 滚动轴承故障的智能诊断

前面就故障的时域、频域、时频域的故障信息提取方法进行了介绍，本节结合前述内容，针对轴承振动信号的故障模式识别、智能诊断进行介绍，着重就特征提取及模式识别的研究现状分析进行介绍。

根据前述介绍，可以得到如下结论，采用信号处理技术进行故障诊断，其特征参数具有明确的物理意义，但由于外部各种噪声、不同工作条件等因素的影响，常常需要对信号进行降噪处理，再进行特征提取，但有些方法会将有用的信息过滤掉，从而影响诊断效果。另外，时域、频域、时频域的特征也比较复杂，不具有普遍意义，因此要进一步改进，必须对其进行特征优化，从而使运算工作量大为增加。

近年来，随着人工智能技术的发展，深度学习方法被广泛运用于故障诊断中的特征提取中。基于深度学习的故障诊断方法是一种"端对端"的建模技术，可以解决特征优选等复杂问题，其基本思想是通过对旋转机械装置在不同状态下的采样值进行训练，从而实现对振动和频谱的有效识别，再进行模式识别得到故障分类结果[21]。

在提取到合适的故障特征后，就可以进行故障模式识别，利用提取到的特征作为输入，采用人工智能算法和机器学习方法对机械设备的故障特征进行识别，以达到对机器设备的自动诊断。故障识别常用的方法有卷积神经网络（Convolutional Neural Networks，CNN）、支持向量机（Support Vector Machine，SVM）、极限学习机（Extreme Learning Machine，ELM）、k-近邻算法（k-Nearest Neighbor，k-NN）等。Safizadeh 等[22]使用主成分分析（Principal Component Analysis，PCA）降低特征的维数，并将其输入 k-NN 分类器中，以确定该滚动轴承的健康状态。Pandya 等[23]利用希尔伯特-黄变换（Hilbert-Huang Transform，HHT）输入 k-NN 分类器来实现轴承的故障诊断。Nguyen 等[24]利用线性判别分析（Linear Discriminant Analysis，LDA）进行特征识别，并将其输入到朴素贝叶斯分类器中，以完成对轴承的故障诊断。He 等[25]利用频率域特性来确定轴承外环失效，同时利用时间域特性构造 k-NN 分类器来鉴别其他种类的轴承失效。Wang 等[26]向隐马尔可夫模型（Hidden Markov Model，HMM）中输入由卷积神经网络提取的自适应特征，并将其用于对轴承的故障诊断。值得注意的是，上述内容均是将经过特征提取得到的故障特征向量和相应的故障类型作为输入，然后通过各种先进的分类模型（如支持向量机、神经网络、深度网络等），训练得到满足要求的故障诊断模型。其中 k-NN、卷积神经网络和贝叶斯等分类方法对离散特征的处理具有较大的优越性[27]。

近年来，在故障诊断中，出现了基于二维图像数据的深度学习方法。例如，卷积神经网络利用卷积层、池化层以及其他层，对输入的图像进行智能分类。这种方法先将采集到的振动信号通过一定的方法转换为图像信号，再利用卷积神经网络对得到的图像信号进行特征提取，能有效地实现系统的状态编码。由于图像转换能对数据序列进行全面、非线性的描述，因此不同的振动信号的图像转换被应用到了机械失效分析中。很多研究已经把振动信号作为一种时间序列数据进行了编码，并输入到卷积神经网络中进一步处理。目前，基于图像的故障诊断主要是基于时间特性的定性分析，然而，大部分大型机器的失效都是在转动部件上，这会导致与轴转动频率有关的周期性效应产生。这种情况下，可利用频域特性（如频谱峰值）在振动信号频谱中进行量化识别，频谱中的变换能够显示出在轴承运行状态的变换。因此，如何利用图像数据集来编码振动信号的频谱，是轴承复杂故障诊断的一个重要课题。已有学者利用典型的时频分析方法，提出了多种图像转换方法，如连续小波变换、短时傅里叶变换、维格纳准概率分布（Wigner-Ville Distribution，WVD）等不同的转换方式。

卷积神经网络从输入图像中学习特征用于图像处理，在输入是图像的情况下，这些模型能够得到较高的精度。Chen 等[28]采用一维卷积神经网络，将滚动轴承的初始振动信号作为一种直接输入，进行故障识别。振动信号转换为图像信号后，图像有灰度图像和RGB 图像两种，如 Hoang 等[29]首先把振动信号转化为二维形式，然后再进行灰度成像，通过 CNN 分析了轴承的灰度图像，并对其进行了故障的诊断。Ma 等[30]使用 TL-CNN 将二维时频图像集用于轴承故障诊断。与灰度图像的单通道相比，具有三通道的 RGB 图像无疑能蕴含更多信息。

由于小波时频变换能将时域信号中的大多数有效信息提取出来，并将其作为时频变换的一种形式，因此适用于 RGB 图像的时频转换。此外，小波时频图是利用连续小波变换得到能量密度的时频表示，小波时频图分析法能较好地反映出信号的细节，因而更适用于故障的分类。因此，小波时频图分析法是行之有效的，且应用也较广泛。Verstraete 等[31]将 CNN 技术运用到两组通用的数据集中，对轴承的故障进行了分析，结果产生三幅不同的输入图像：短时傅里叶转换、小波时频图、希尔伯特-黄变换，三种图像类型中，小波时频图的准确率最高，特别是在有噪声干扰的条件下，具有较强的鲁棒性。

针对二维小波时频图的处理，基于深度学习方法的故障诊断需要大量的数据来训练网络，因此，数据驱动下的轴承故障诊断方法应运而生。为增大数据来训练网络，通常情况下，基于数据驱动的故障诊断包括：数据增强后进行故障诊断和在不平衡数据集情况下进行故障诊断。一般而言，带标签的样本数据越多，训练精度就越高，但由于要获取大量的实际故障数据集较为困难，有时甚至受限于很多条件。如果没有足够的数据集训练模型，分类器就会有过拟合和泛化能力差的风险，为了在训练阶段引入更多的数据，学界通常采用数据增强技术，比如使用几何变换和基于生成对抗网络（Generative Adversarial Networks，GAN）的方法来进行数据增强，扩充故障样本数据。还有一种情况是数据集的不平衡，即训练集和测试集中的故障样本与正常样本数不平衡的问题。针对这个问题，现有的研究一般是在算法层次上，在基于数据特征的基础上，对传统的算法结构进行优化和改进，比如通过改变损失函数的方法来实现，对分类器的小样本数据增加损失值，将分类器的重点集中在小类样本上。

1.3　性能退化评估技术

目前轴承性能退化评估技术可大致分为基于物理模型以及数据驱动两种，其中基于数据驱动的性能退化评估技术专注于从大量数据中挖掘有用信息，并通过相关模型进行学习评估，这一过程通常不需要先验知识（专家经验）进行指导。因此，研究基于数据驱动的性能退化评估技术是目前的主流趋势。值得注意的是，数据驱动技术的效果高度依赖于模型的选择，本节针对轴承性能退化评估中应用广泛的模型及其相关技术进行简单概述。

1.3.1　人工神经网络

人工神经网络（Artificial Neural Network，ANN）也被称为神经网络（Neural Network，NN）或类神经网络，是将生物意义上的神经网络结构拓展到数学领域的一种"黑箱"模型。类似于生物神经网络，人工神经网络由大量的神经元单元交叉连接组成，通常包括输入层、隐含层和输出层。多样的网络结构和激活函数选择使得人工神经网络模型能够处理各种非线性问题，在分类和回归领域均表现出强大的近似能力，这些特性使得 ANN 在性能退化评估领域应用广泛。然而，ANN 的激活函数以及模型超参数选择并没有现行的准则，且高精度的 ANN 模型需要大量的训练样本，在面对小样本或新设备的性能退化评估问题时，常表现欠佳。

1.3.2　支持向量机

支持向量机（Support Vector Machine，SVM）最早由 Vapnik 等人提出，是一种基于结构风险最小化原理建立的机器学习模型，它克服了 ANN 在缺少先验知识时网络结构难以确定过学习和欠学习的主要问题。在面对非线性、小样本和高维问题时均表现出良好的泛化性能，这些都是性能退化评估领域需求的特性，而且 SVM 中的数据特征与超平面之间的几何距离可被进一步用来描述轴承性能退化程度。因此，在轴承性能退化评估领域，SVM 以及改进 SVM 得到了广泛应用。如 Dong[32] 提出基于最小二乘支持向量机（Least Square Support Vector Machine，LS-SVM）的多步预测模型来评估轴承处于的退化阶段。具体是，利用主成分分析技术融合时域、频域和时频域等原始信号特征，并利用遗传算法和粒子群算法优化 LS-SVM 中的相关参数，最后利用优化 LS-SVM 对之前预处理过的特征向量进行训练学习，得到轴承性能退化评估预测模型。陈法法等[33] 针对轴承性能退化指标的波动特性，提出了基于模糊信息粒化与小波支持向量机（Wavelet Support Vector Machine，WSVM）的性能退化评估预测模型，该模型有效地实现了滚动轴承性能退化趋势及指标波动范围的精准预测。此外，还有一些基于 SVM 的扩展模型，如支持向量回归（Support Vector Regression，SVR）、支持向量数据描述（Support Vector Data Description，SVDD）、增量粗糙 SVDD（Incremental Rough SVDD，IRSVDD）及模糊支持向量机（Fuzzy Support Vector Data Description，FSVDD）等。如周建民提出了一种利用提升小波包符号熵和 SVDD 的滚动轴承性能退化评估方法[34]，该方法利用小波包奇异谱熵提取出正常轴承数据的特征向量 β_1，用于训练 SVDD 模型并得到处于正常阶段的基准超球体，然后利用同样方式提取轴承全寿命周期数据的特征向量 β_2，通过计算 β_2 与超球体之间的广义距离得到退化指标，用该指标指导轴承性能退化预测。

1.3.3　模糊集理论

在处理性能退化评估中样本数据分布类型未知的不确定性问题时，通常需要将样本数据假设为模糊变量或者随机变量，相对于定义随机变量所需要的概率密度函数，定义模糊变量的隶属度函数要简单许多。因此，许多学者倾向于利用模糊集理论解决轴承性能退化评估问题。周建民等[36] 分别提出了将小波包 Tsallis 熵和模糊 C 均值（Fuzzy C-means，FCM）、LLE 和 ECM、AR-FCM、自联想神经网络与 FCM 相结合的滚动轴承性能退化评估方法。

1.3.4　基于概率密度估计的方法

在面对需求较为精准的不确定性问题时，由于模糊理论中隶属度函数定义较宽泛，此时便需要利用概率密度估计的方法。一般使用高斯混合模型（Gaussian Mixed Model，GMM）、隐马尔科夫模型（Hidden Markov Model，HMM）以及贝叶斯网络（Bayesian Network，BN）进行未知分布类型数据的概率密度估计。GMM 是由很多个服从高斯分布的模型组成的一个混合概率模型，在该模型所有未知分布类型的样本数据点均假设为服从一定概率密度函数的混合高斯分布，用于估计新数据点属于每个集群的概率。HMM 是一种用于识别时间动态序列模式的统计方法，在描述随机过程的相关统计特性时表现出良好的适用性。如张龙等[40]利用 GMM 建立健康样本模型，并将经过预处理的轴承全寿命周期数据的相关特征作为 GMM 的输入，得到健康样本和全寿命样本之间相似程度的度量，再利用多域对数似然概率（Multi-Domain Log-Likelihood Probability，MDLLP）和时间编码对数似然概率（Time Encoded Log-Likelihood Probability，TELLP）得到轴承性能退化状态的定量指标。周建民等[42]结合小波包分解和时域分析得到健康样本的原始特征，在高维原始特征进行降维处理后分为训练和测试样本，其中训练样本用于训练 HMM 模型，通过迭代的方式输入测试样本，得到的输出最大似然概率即为轴承性能退化评估指标。Jiang 等[43]提出结合扰动属性投影（Nuisance Attribute Projection，NAP）与 HMM 的轴承退化评估方法，具体是利用 NAP 的投影特性去除特征空间中无关因素的影响，通过 NAP 投影得到的新特征空间对运行工况中的干扰表现出强鲁棒性，然后通过 HMM 得到退化指标。周建民等[44]提出了一种基于 FCM 和 HMM 的性能退化评估方法，首先将全寿命周期样本数据划分为无故障样本集 S 和失效样本集 P，利用样本集 S、P 并结合 FCM 算法建立性能退化评估模型，利用样本集 P 建立 HMM 退化评估模型，结合两种退化评估模型得到联合退化指标，并将其作为 FCM 的输入特征，得到正常和失效的聚类中心。Chen 等[45]提出一种基于模糊神经系统贝叶斯推论的旋转机械性能退化评估方法，该方法利用递归贝叶斯算法中具有相关权值的随机样本来计算后验概率，方法的有效性通过轴承和裂纹支持板等工程算例进行验证和说明。Zhang 等[46]提出基于连续隐马尔可夫模型（Continuous Hidden Markov Model，CHMM）的性能退化评估方法，获得的轴承退化指标具有显著的趋势。隐半马尔可夫（Hidden Semi-Markov Model，HSMM）的提出改善了 HMM 的分辨能力和精度，HSMM 既有 HMM 估计复杂概率分布的特性，又有半马尔可夫链描述时间结构的特性。HMM 的成功应用使得更多学者针对诊断的复杂性对其进行改进，扩展出非平稳分段隐半马尔可夫模型（Non-Stationary Segmented Hidden Semi-Markov Model，NSHSMM）、连续隐半马尔可夫模型（Continuous Hidden Semi-Markov Model，CHSMM）等模型。贝叶斯网络作为概率图形模型的一种，能高效利用概率信息表示、推论等方法解决各种不确定性问题。Zhang 等[46]提出基于贝叶斯信念网络（Bayesian Belief Network，BBN）理论的自适应离散状态估计系统剩余寿命方法，模型包括退化状态识别，退化状态描述和剩余寿命预测，利用 BBN 模型有效测度来确定最优状态数，避免了有限特征数据下的状态识别误差。

1.3.5 其他模型

Li 等[48]提出新的负选择算法（Negative Selection Algorithm，NSAs），引入异常程度作为故障严重程度的定量指标，NSAs 能够检测到相同故障程度的不同故障类型，以及不同故障程度的相同故障类型。Qian 等[49]提出基于递归量化分析（Recurrence Quantification Analysis，RAQ）与自回归（Auto-Regression，AR）模型的轴承性能退化综合评估方法，采用递归图熵作为轴承退化监测指标，建立 AR 模型进行状态监测和预测。程军圣等[50]

采用有限样本判定方法（Limited Feature Select Sample，LFSS）提取样本特征，输入到反馈寻求二进制蝙蝠算法（Feedback Seeking Binary Bat Algorithm，FSBBA）中获得性能退化评估指标，模型克服二进制蝙蝠模型（Binary Bat Algorithm，BBA）易陷入局部最优的缺点。

综上所述，无论是神经网络、概率统计模型还是其他适用模型的使用都需要高度依赖数据的数量和质量，这是基于数据驱动的智能诊断的局限性。因此一些学者开始深入研究特征提取和模型的依赖性，既保证特征能有效全面地表征退化信号，又保证模型能充分展示特征与退化之间的关系，使得模型更加可靠和稳定。

1.4 剩余使用寿命（RUL）预测技术

近年来，随着数据驱动技术的发展，将数据驱动技术应用于剩余使用寿命预测的方法越来越得到广大研究学者的认可。一般来说，数据驱动技术主要分为统计数据驱动方法以及机器学习（Machine Learning，ML）的方法。

1.4.1 统计数据驱动方法

专家学者们对不同统计数据模型进行归纳总结并深入分析，常见的剩余寿命预测方法已被广泛研究，如基于非线性维纳过程的方法、基于高斯过程的方法及逆高斯过程模型等。LIAO[51]等介绍了数据驱动模型的应用类型以及混合模型的研究现状和发展方向。虽然基于统计数据驱动方法在滚动轴承 RUL 方面的研究与应用较广，但所用方法过于依赖已有的退化模型。然而在工程应用中，大部分的退化过程是难以预知的，且不同工况的退化过程无法统一论述，如何选择退化模型是剩余寿命预测研究的关键。相比之下，基于 ML 的方法不局限于性能退化数据，同时能解决退化模型选择的难题。

1.4.2 基于机器学习的方法

机器学习是实现人工智能的关键，一般指通过学习和模仿人类的知识和行为，泛化已有的知识，最终优化训练模型达到更优的预测效果。基于 ML 的方法可分为基于浅层 ML 的方法和深度学习方法。相对于统计数据驱动方法，基于 ML 的方法能够达到更好的预测精度。

基于浅层 ML 的方法包括 HMM 模型、基于径向基函数（Radial Basis Function，RBF）神经网络的方法、基于多层感知机（Multi-layer Perceptron，MLP）神经网络的方法以及最大熵（Maximum Entropy，MaxEnt）模型等。如周建民等[52]提出了一种基于 RBF 和优化 Wiener 模型的轴承剩余寿命预测方法以及基于并行多通道递归卷积神经网络的滚动轴承剩余寿命预测方法[53]。MLP 属于一种融合多层感知机的前馈网络模型，其输出层属于多类别逻辑回归，多数文献中普遍采用后传播（Back-Propagation，BP）算法训练模型。RBF 神经网络与 MLP 神经网络相似，同样包括权值向量和激励函数。基于 RBF 神经网络的 RUL 预测模型通过优化隐层单元结构和超参数，通常表现出较好的自适应能力。基于 SVM 的剩余寿命预测方法核心为 VC 维理论和结构风险最小化理论，优化其中模型参数如核函数参数、惩罚因子、不敏感系数等，使用优化参数后的 SVM 网络对退化状态进行评估，对比失效阈值预估 RUL。

随着大数据的普遍应用，浅层 ML 算法在很大程度上很难满足海量的监测数据，而深度学习无须依赖于专家先验知识，其作为改进神经网络后的新型算法具有提取深层故障特征的能力。深度学习的 RUL 预测方法根据其中模型结构和超参数的不同可分为：基于 CNN 的方法、基于循环神经网络（Recurrent Neural Network，RNN）的方法、基于深度神经网络（Deep Neural Networks，DNN）的方法和基于深度置信网络（Deep Belief Network，DBN）的方法等。基于 CNN 的剩余寿命预测方法是对多层感知机进行改进后的网络，首次提出时被用于改善视觉皮层问题，网络基本结构由卷积层、全连接层和池化层等组成。在 CNN 迭代运算中，首先使用卷积层对原始振动信号卷积处理，其次，池化层按照特定步长获取深层故障特征。CNN 适宜于处理迭代网格化信号及输入时序特征，并且在语音识别领域和图像视觉逐渐被专家学者应用。基于 CNN 的 RUL 预测模型具有的优势有：具备实时监测并处理多线程数据的能力，能够提取深层故障特征并加以识别，解决缺少先验知识的问题，网络模型中的超参数可逐层网络进行迁移而便于优化。基于 RNN 的前馈连接网络，在特征信息迭代传递的过程中可以保存上一隐含层传递信息，在处理多架构动态系统时有较强的适用性。同样地，基于 RNN 的预测方法以动态监测信号作为输入，使用反向时序传播方法训练模型，同时体现出模型的前后依赖性。传统 RNN 在循环迭代过程中存在信息损失等问题，其循环层中信息流动方式单一，在解决长时序列数据时，网络结构的特殊性会影响预测精度。长短期记忆网络[53]（Long Short-Term Memory，LSTM）是对 RNN 的改进，包括遗忘、输入和输出的门控循环结构。门结构是 LSTM 在 RNN 上优化的网络循环结构，能够减少特征信息在循环迭代中的损失。基于 DNN 的剩余寿命预测方法本质是由堆叠式网络提取的退化特征组合汇聚形成的堆叠式神经网络。基于 DNN 的特征映射方法主要通过 AE 或降噪自编码器（Denoising AutoEncoder，DAE）层，提取原始数据高维特征，拟合前馈神经网络实现寿命预测。基于 DNN 的 RUL 预测模型具有的优点有：对输入信号多次降维，最终得到适合模型训练的特征，堆叠式 DAE 模型可有效解决监测信号中夹杂的干扰信号，在实际应用中体现出较高的适应性和鲁棒性。基于 DBN 的深度学习模型，由分类层、回归层和受限玻尔兹曼机（Restricted Boltzman Machine，RBM）组成，实现低层次至高层次监测信息特征选取，提取信号中的可辨别式特征。DBN 通过单独无监督训练每一层 RBM 网络并在最后一层设置 BP 网络。DBN 算法可描述为：非监督贪婪逐层方法预训练得到权重，使用对比散度方法确定网络参数；利用非线性函数提取映射高层次特征。鉴于 DBN 强大的特征提取能力，有效地解决专家经验不足、特征选择不确定等问题，在寿命预测领域得到广泛的应用。

本章参考文献

[1] 国家中长期科学和技术发展规划纲要（2006—2020 年）[N]. 中华人民共和国国务院公报，2006，9：7-37.

[2] 国家自然科学基金委员会工程与材料科学部. 机械工程学科发展战略报（2021—2035）[M]. 北京：科学出版社，2021.

[3] 雷亚国，贾峰，孔德同，等. 大数据下机械智能故障诊断的机遇与挑战[J]. 机械工程学报，2018，54（5）：94-104.

[4] 李家辉. 基于深度卷积神经网络和生成对抗网络的滚动轴承故障诊断[D]. 南昌：华东交通大学，2022.

[5] Stack J R, Habetler T G, Harley R G. Fault-signature modeling and detection of inner-race bearing faults[J]. IEEE Transactions on Industry Applications, 2006, 42(1): 61-68.

[6] 王发令. 轴承性能退化评估的特征评价及模型构建[D]. 南昌：华东交通大学，2020.

[7] Jardine A K S, Lin D, Banjevic D. A review on machinery diagnostics and prognostics implementing condition-based maintenance[J]. Mechanical Systems and Signal Processing, 2006, 20(7): 1483-1510.

[8] Liu J, Yang C S, Lou Q F. Vibration analysis based feature extraction for bearing fault detection[J]. Applied Mechanics and Materials, 2012, 197: 124-128.

[9] 周建民，王发令，张龙，等. 基于 RBF 神经网络与模糊评价的滚动轴承退化状态定量评估[J]. 机械设计与研究，2019，35（6）：116-122.

[10] 周建民，黎慧，张龙，等. 基于 EMD 和逻辑回归的轴承性能退化评估[J]. 机械设计与研究，2016，32（5）：72-75+79.

[11] Wu Z H, Huang N E. Ensemble empirical mode decomposition: A nosie-assisted data analysis method[J]. Advances in Adaptive Data Analysis, 2009, 1(1): 1-41.

[12] Smith J S. The local mean decomposition and its application to EEG perception data[J]. Journal of The Royal Society Interface, 2005, 2(5): 443-454.

[13] Jerome Gilles. Empirical wavelet transform[J]. IEEE Transactions on Signal Processing, 2013, 61(16): 3999-4010.

[14] Konstantin D, Dominique Z. variational mode decomposition[J]. IEEE Transactions on Signal Processing, 2014, 62(3): 531-544.

[15] Antoni J. The spectral kurtosis: a useful tool for characterising non-stationary signals[J]. Mechanical Systems and Signal Processing, 2006, 20(2): 282-307.

[16] Jia F, Lei Y G, Shan H K, et al. Early fault diagnosis of bearings using an improved spectral kurtosis by maximum correlated kurtosis deconvolution[J]. Sensors, 2015, 15(11): 29363-29377.

[17] 张龙，毛志德，杨世锡，等. 基于包络谱带通峭度的改进谱峭度方法及在轴承诊断中的应用[J]. 振动与冲击，2018，37（23）：179-187.

[18] Raj A S, Murali N. Early classification of bearing faults using morphological operators and fuzzy inference[J]. IEEE Transactions on Industrial Electronics, 2013, 60(2): 567-574.

[19] Li C, Valente J, Sanchez RV, et al. Fuzzy determination of informative frequency band for bearing fault detection[J]. Journal of Intelligent and Fuzzy Systems, 2016, 30(6): 3513-3525.

[20] Liao Z, Song L, Chen P, et al. An automatic filtering method based on an improved genetic algorithm-with application to rolling bearing fault signal extraction[J]. IEEE Sensors Journal, 2017, 17(19): 6340-6349.

[21] 周建民，尹文豪，李家辉，等. 数据驱动下的滚动轴承性能退化评估研究综述[J]. 现代制造工程，2021，（05）：146-153+160.

[22] Safizadeh M, Latifi S. Using multi-sensor data fusion for vibration fault diagnosis of rolling element bearings by accelerometer and load cell[J]. Information Fusion, 2014, 18: 1-8.

[23] Pandya D, Upadhyay S, Harsha S. Fault diagnosis of rolling element bearing with intrinsic mode function of acoustic emission data using APF-KNN[J]. Expert Systems with Applications, 2013, 40(10): 4137-4145.

[24] Nguyen P H, Jong-Myon K. Multifault diagnosis of rolling element bearings using a WaveletKurtogram and vector median-based feature analysis[J]. Shock and Vibration, 2015, 2015: 1-14.

[25] He D W, Li R Y, Zhu J D. Plastic bearing fault diagnosis based on a two-step data mining approach[J]. IEEE Transactions on Industrial Electronics, 2013, 60(8): 3429-3440.

[26] Wang S H, Xiang J W, Zhong Y T, et al. Convolutional Neural Network-based hidden Markov models for rolling element bearing fault identification[J]. Knowledge-Based Systems, 2018, 144: 65-76.

[27] 谭畅，申欣艳，杨辉. 高速列车牵引电机自适应故障诊断研究[J]. 华东交通大学学报，2021，38（03）：67-74+142.

[28] Chen C C, Liu Z, Yang G S, et al. An improved fault diagnosis using 1D-Convolutional Neural Network model[J]. Electronics, 2020, 10(1): 59-59.

[29] Duy-Tang Hoang, Hee-Jun Kang. Rolling element bearing fault diagnosis using convolutional neural network and vibration image[J]. Cognitive Systems Research, 2018, 53 : 42-50.

[30] Ma P, Zhang H L, Fan W H, et al. A novel bearing fault diagnosis method based on 2D image representation and transfer learning-convolutional neural network[J].

Measurement Science and Technology, 2019, 30(5): 055402-055402.

[31] Verstraete D, Ferrada A, Proǵuett E L. et al. Deep learning enabled fault diagnosis using time-frequency image analysis of rolling element bearings[J]. Shock and Vibration, 2017, 2017 : 1-17.

[32] Dong S, Luo T. Bearing degradation process prediction based on the PCA and optimized LS-SVM model[J]. Measurement, 2013, 46(9): 3143-3152.

[33] 陈法法，杨勇，陈保家，等. 基于模糊信息粒化与小波支持向量机的滚动轴承性能退化趋势预测[J]. 中国机械工程，2016，27（12）：1655-1661.

[34] Zhou J M, Guo H J, Zhang L, et al. Bearing performance degradation assessment using lifting wavelet packet symbolic entropy and SVDD [J]. Shock and Vibration, 2016, (6): 1-10.

[35] 周建民，徐清瑶，张龙，等. 结合小波包奇异谱熵和 SVDD 的滚动轴承性能退化评估[J]. 机械科学与技术，2016，35（12）：1882-1887.

[36] 周建民，徐清瑶，张龙，等. 基于小波包 Tsallis 熵和 FCM 的滚动轴承性能退化评估[J]. 机械传动，2016，40（5）：110-115.

[37] 周建民，郭慧娟，张龙，等. 基于 LLE 和模糊 C 均值的滚动轴承故性能退化评估[J]. 机械设计与研究，2017，33（6）：86-89.

[38] 周建民，郭慧娟，张龙，等. 基于 AR-FCM 的滚动轴承的性能退化评估[J]. 机械传动，2017，41（12）：73-76.

[39] 周建民，张臣臣，张龙，等. 基于自联想神经网络与模糊 C 均值的滚动轴承的性能退化评估[J]. 机械设计与研究，2019，35（1）：96-99.

[40] 张龙，黄文艺，熊国良，等. 基于多域特征与高斯混合模型的滚动轴承性能退化评估[J]. 中国机械工程，2014，25（22）：3066-3072.

[41] 张龙，黄文艺，熊国良，等. 基于 TESPAR 与 GMM 的滚动轴承性能退化评估[J]. 仪器仪表学报，2014，35（8）：1772-1779.

[42] 周建民，郭慧娟，张龙. 基于隐马尔可夫模型的滚动轴承性能退化评估[J]. 华东交通大学学报，2017，34（4）：110-116.

[43] Jiang H, Chen J, Dong G. Hidden Markov model and nuisance attribute projection based bearing performance degradation assessment[J]. Mechanical Systems and Signal Processing, 2016, (72): 184-205.

[44] 周建民，郭慧娟，尹洪妍，等. 基于 FCM-HMM 的滚动轴承的性能退化评估方法[P]. 中国发明专利：ZL201710160327.9，2017-06-23.

[45] Chen C C, Zhang B, Vachtsevanos G. Prediction of machine health condition using neuro-fuzzy and bayesian algorithms[J]. IEEE Transactions on Instrumentation and Measurement, 2012, 61(2): 297-306.

[46] Zhang S, Zhang Y, Li L, et al. Rolling elements bearings degradation indicator based on continuous hidden markov model[J]. Journal of Failure Analysis and Prevention, 2015,

15(5): 691-696.

[47] Zhang X, Kang J, Jin T. Degradation modeling and maintenance decisions based on bayesian belief networks[J]. IEEE Transactions on Reliability, 2014, 63(2): 620-633.

[48] Li D, Liu S, Zhang H. Negative selection algorithm with constant detectors for anomaly detection[J]. Applied Soft Computing, 2015, 36: 618-632.

[49] Qian Y, Hu S, Yan R. Bearing performance degradation evaluation using recurrence quantification analysis and auto-regression model[C]// Instrumentation & Measurement Technology Conference. IEEE, 2013.

[50] 程军圣, 黄文艺, 杨宇. 基于 LFSS 和改进 BBA 的滚动轴承在线性能退化评估特征选择方法[J]. 振动与冲击, 2018, 37（11）: 89-94.

[51] LIAO L, KÖTTIG F. Review of hybrid prognostics approaches for remaining useful life prediction of engineered systems, and an application to battery life prediction[J]. IEEE Transactions on Reliability, 2014, 63(1): 191-207.

[52] 周建民, 高森, 张龙, 等. 基于 RBF 和优化 Wiener 模型的轴承剩余寿命预测[J]. 控制工程, 2022, 29（02）: 246-253.

[53] Zhou J M, Gao S, Li J H, et al. Bearing life prediction method based on parallel multi-channel recurrent convolutional neural network[J]. Shock and Vibration, 2021.

[54] 周建民, 高森, 尹洪妍. 一种基于 CAN-LSTM 的铁路列车轴承剩余寿命预测方法[P]. 中国发明专利: ZL202111348357.5, 2022-01-29.

【 第 2 章 】 >>>>

滚动轴承振动机理及动力学特性研究

2.1 引 言

通常情况下，用于轴承故障诊断、性能退化评估等的信号有振动、声音（噪声）、温度、压力、磨粒等，其中，多数学者采用振动信号分析[1]。由于滚动轴承在旋转过程中必然产生振动，特别是有故障时，其振动信号必然包含有故障信息，这种振动信号就是轴承内在动力学特性的外在表现，因此，滚动轴承的振动信号是其故障特征信息的可靠载体形式之一。对于振动信号，有许多的处理方法，特别是随着人工智能技术的发展，对振动信号分析将能更加方便地进行故障识别。为了探明滚动轴承的故障产生机理，深入研究其故障诊断方法，寻找其故障特征与工况及故障程度之间的关系，必须研究其振动机理及复杂工况下故障轴承动力学响应特性。

2.2 滚动轴承故障振动机理及故障特征分析

2.2.1 滚动轴承振动机理及数学模型

振动的产生必须要有相应的激励，对滚动轴承而言，振动的产生主要有内外两部分因素：内部因素主要是滚动轴承本身的结构、加工装配产生的误差以及运行过程中产生的各类故障等。外部因素主要包括轴承座传递的外部载荷及传动轴上其他部件的运动及力的作用。在对滚动轴承振动信号采集时，安装在轴承座或外圈的加速度传感器提取的振动信号是内外因素激励源施加于滚动轴承系统的综合作用的结果[2]。图 2.1 所示即为滚动轴承振动产生机理示意图。在实际的诊断中，一般不考虑轴承加工和装配误差，主要认为是由轴承的运行故障这一内部激励源引起的振动。研究其振动机理，就是为了从综合振动中把轴承故障引起的振动信号分离出来，提取对不同故障敏感并能反映轴承状态特征的特征量。

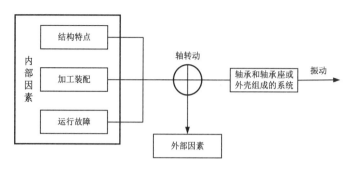

图 2.1　滚动轴承振动产生机理

　　一般而言，不考虑外部因素激起的振动，即使轴承加工与装配良好，正常轴承也会产生振动，这是因为当内圈转动时，滚动体每通过载荷的作用线一次就产生一次周期性的振动，对轴颈和轴承座产生激励作用。显然，这种振动具有确定性。由滚动轴承零件的加工面（内圈、外圈滚道及滚道体面）的波纹度引起的振动和噪声在滚动轴承中比较常见，这些缺陷引起的振动为高频振动且带有强烈的随机性，比滚动体在滚道上的通过频率高很多倍。当轴承游隙过大或滚道偏心时，都会引起轴承振动，其振动频率为轴的转动频率的 k 倍。由于滚动体尺寸大小不均匀会导致轴心变动以及支承刚性的变化也会产生振动，通常这种振动频率常在 1 kHz 以下。其次是运行故障引起的振动。运行故障主要有两类：磨损类故障和表面损伤类故障。磨损类故障是一种渐变性故障，其产生的振动与正常轴承振动的特征比较接近，均具有随机性强及振动波形无规则等特点，但是其振动幅值明显偏高，通常用有效值和振动峰值等时域特征参数即可对其进行有效诊断。表面损伤类故障主要表现为点蚀、剥落、擦伤等，是一种突变性强、危险性高、早期故障诊断难的故障。当滚动轴承组件（包括外圈、内圈、滚动体以及保持架）的工作表面出现表面损伤类故障时，轴承运转过程中，由于损伤点会反复快速地撞击与之相接触的其他元件表面，使轴承受到周期性的瞬时冲击作用，轴承会产生如下两类振动：① 低频通过振动。这类振动的振动频率为故障特征频率，通常在 1 kHz 以下。② 高频固有振动。振动频率相比较故障特征频率要高，由于冲击频带很宽，必然包含了轴承系统的某阶固有频率，从而周期性地激起轴承系统的高频共振，使轴承的最终振动波形呈现出复杂的具有明显非平稳性的调幅振动，其载波是轴承各组件的以固有频率振动的高频部分，调制信号的频率是与故障相关的通过频率，即故障特征频率，而且缺陷的位置不同，振动特性也不完全相同。因此，表面损伤类故障是国内外学者故障诊断的研究热点。

　　为分析计算滚动轴承的特征频率，构建滚动轴承故障振动的数学模型，这里针对滚动轴承的典型结构进行介绍，如图 2.2 所示，滚动轴承一般由内圈、外圈、滚动体和保持架 4 部分组成。内圈、外圈分别与轴颈及轴承座装配在一起。在大多数情况下外圈不动，而内圈随轴回转。但也有外环回转、内环不动或内、外环分别按不同转速回转的使用情况。

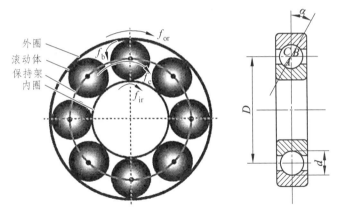

图 2.2　滚动轴承典型结构示意图

　　一般而言，滚动体与轴承内、外圈之间接触有纯滚动接触及滑移接触两种。为简化分析，本节假设其为纯滚动接触，也称为赫兹（Hertz）接触，下一节专门分析滑移接触下的振动特性。设外圈转动频率为 f_{or}、内圈转动频率为 f_{ir}、保持架转动频率为 f_c（即滚动体公转频率）、轴承节径为 D、滚动体直径为 d、滚动体个数为 n、接触角为 α，则轴承各元件故障特征频率计算公式如下。

　　（1）外圈故障特征频率 f_o 为：

$$f_o = n\left|f_{or} - f_c\right| = \frac{n}{2}\left|f_{or} - f_{ir}\right|\left(1 - \frac{d}{D}\cos\alpha\right) = \frac{n}{2}f_r\left(1 - \frac{d}{D}\cos\alpha\right) \qquad (2.1)$$

　　（2）内圈故障特征频率 f_i 为：

$$f_i = n\left|f_{ir} - f_c\right| = \frac{n}{2}\left|f_{ir} - f_{or}\right|\left(1 + \frac{d}{D}\cos\alpha\right) = \frac{n}{2}f_r\left(1 + \frac{d}{D}\cos\alpha\right) \qquad (2.2)$$

　　（3）保持架故障特征频率 f_{bc} 为：

$$f_{bc} = \frac{1}{2}\frac{D}{d}\left|f_{ir} - f_{or}\right|\left[1 - \left(\frac{d}{D}\cos\alpha\right)^2\right] = \frac{1}{2}\frac{D}{d}f_r\left[1 - \left(\frac{d}{D}\cos\alpha\right)^2\right] \qquad (2.3)$$

　　式中，$f_r = \left|f_{or} - f_{ir}\right|$ 即为外、内圈相对转动频率。当外圈固定时，$f_{or}=0$，f_r 为轴的转动频率。滚动体上任一固定点与外圈或内圈接触频率即滚动体故障特征频率 $f_b = f_{bc}$。

　　滚动轴承故障信号的建模是故障诊断的基础，模型的准确度将直接影响轴承故障诊断方法的应用结果。轴承故障信号与很多因素相关，包括几何形状、公差、载荷分布情况、轴的转速、故障类型以及传递函数等。建立准确的滚动轴承故障振动信号数学模型是故障诊断研究的基本内容，也一直是研究的热点和难点。轴承故障信号的数学仿真模型有很多种，相比之下，能够较好体现出滚动轴承故障振动特征的是 Mcfadden 建立的轴承故障信号模型[3]。根据滚动轴承的结构特点，当轴承部件通过故障部位时，部件之间的撞击将会产生短时冲击信号，并激励轴承及系统按其固有频率进行高频自由衰减振动。随着轴承的运转，会重复产生具有周期性的高频自由衰减振动。定义冲击发生的周期为 T，冲击激起的固有频率振荡函数为 $s(t)$，第 k 次冲击响应幅值为 A_k。滚动轴承工作环境较为恶劣，因此其运行过程中往往存在加性噪声 $n(t)$ 的干扰。因此，Mcfadden 建立的滚动轴承表面损伤故障振动数学模型可以写为：

$$f(t) = \sum_{k=-\infty}^{\infty} A_k s(t-kT) U(t-kT) + n(t) \qquad (2.4)$$

式中，$U(t)$ 是单位阶跃函数。根据机械振动理论，固有频率振动通常为有阻尼自由衰减振动，所以振动函数 $s(t)$ 跟轴承的固有频率 f 和阻尼比 ζ 都有关系，其可以简化为一个指数衰减的正弦信号，如式（2.5）所示。

$$s(t) = e^{-\frac{\zeta}{\sqrt{1-\zeta^2}} 2\pi f_n t} \sin[2\pi f_n t + \phi] \qquad (2.5)$$

式中，ϕ 为初相位。系统阻尼比 ζ 要合适选择，使其能够模拟振动波形的衰减过程，保证 $s(t)$ 在 $[0，T]$ 以外几乎为零，以避免连续两个冲击振荡间的干扰。在实际轴承系统中，正因为系统阻尼的存在使振动波形快速衰减，以致连续两个冲击振荡间基本上不会互相干扰。

当损伤故障绝对位置的旋转周期大于冲击产生的周期（例如外圈固定时的内圈或滚动体故障）时，冲击响应的幅值还会受到调制，此时 A_k 可以表示成：

$$A_k = a_k \cos(2\pi f_m t + \phi_k) + c_k \qquad (2.6)$$

式中：a_k 为第 k 次冲击能量；φ 为初相位；f_m 为调制频率（外圈故障：$f_m = 0$；内圈故障：$f_m = f_r$；滚动体故障：$f_m = f_c$）。因每次冲击的幅值不会总相等，具有一定的随机性，故在式（2.6）中加入了随机常数 c_k。

由上述分析可知，滚动轴承故障特征频率与滚动体的接触角有关，滚动轴承转速变化和滚动体所在承载区位置的不同都会使各个滚动体与滚道之间的接触角不同，滚动轴承中各个滚动体的转速就不尽相同。

因为保持架的存在使得滚动体的公转速度保持相同，所以各滚动体与滚道之间不可能为纯滚动接触，而是会产生微小滑移（滑移接触下的动力学特性我们将在 2.3 部分予以介绍），从而使得冲击振荡周期发生微小的改变。考虑滚动体滑移因素，设第 k 个冲击间隔相对于冲击重复周期 T 的时间波动为 τ_k，则滚动轴承损伤类故障振动数学模型可以表示为[4]：

$$\begin{cases} f(t) = \sum_{k=-\infty}^{\infty} A_k s(t-kT-\tau_k) U(t-kT-\tau_k) + n(t) \\ A_k = a_k \cos(2\pi f_m t + \phi_k) + c_k \\ s(t-kT-\tau_k) = e^{-\frac{\zeta}{\sqrt{1-\zeta^2}} 2\pi f_n (t-kT-\tau_k)} \sin[2\pi f_n(t-kT-\tau_k) + \phi] \end{cases} \qquad (2.7)$$

2.2.2 滚动轴承故障振动信号的特征分析

当运转中的滚动轴承存在裂纹、剥落、点蚀及擦伤等局部损伤故障时，便会产生含有冲击成分的故障振动信号，冲击的大小与冲击速度成正比，并与故障点承受的载荷密度密切相关。滚动轴承故障振动信号特性随发生故障的部件不同而不同，具体分析如下。

1. 轴承外圈故障振动信号特性分析

对于外圈损伤故障，当滚动体每运动到故障位置（损伤点）时，便会产生一次冲击，这样就形成了一系列的冲击响应振动信号，冲击发生的周期为外圈故障特征频率的倒数 $1/f_o$。一般情况下，外圈固定不变，故分布到损伤点的静态载荷密度不变，故障位置（损伤点）到传感器之间的振动信号的传递路径也不变，所以每次产生的冲击大小相同，冲击响应幅值不会受到调制。但是当轴承因磨损而致使滚动体与外圈之间出现较大间隙时，此时分布到故障点的静态载荷密度会随转频而周期地改变，故外圈故障冲击响应幅值会受到转频 f_r 的调制。

2. 轴承内圈故障振动信号特性分析

轴承内圈发生损伤故障时，冲击响应振动信号比外圈发生故障时复杂。若内、外圈均固定不动，只有滚动体在滚道中滚动，则每次产生的冲击响应幅值特征与外圈故障一样，冲击发生的周期为内圈故障特征频率的倒数 $1/f_i$。但是当轴承旋转时，内圈跟转轴一起旋转，故障点随内圈一起旋转，其方位相对传感器在不断变化，时而进入载荷区，时而退出载荷区，分布到故障点的静态载荷密度随内圈的旋转而周期性地变化，因此内圈故障引起的轴承系统脉冲激励力的大小及方向随内圈的旋转而周期性地变化。另外，内圈随转轴的旋转，也使得故障点到传感器之间的振动信号的传递路径随内圈的旋转而周期性地变化。因此，内圈故障冲击响应幅值必然受到转频 f_r 的调制。

由于内圈上的故障点相对传感器的位置不断变化以及振动信号在从内圈处经过滚动体、保持架、外圈和轴承座以及中间界面的传递后，能量衰减损耗较大，因此内圈故障特征通常比较微弱，没有外圈故障特征明显，故特征提取难度相较于外圈故障更大。

3. 滚动体故障振动信号特性分析

滚动体出现损伤故障后，当滚动体相对保持架每旋转一周时，故障部位将依次与轴承外圈和内圈接触，分别产生一个冲击，冲击产生的周期为 $1/f_b$。但由于冲击力和传递路径的差异，故障位置与外圈接触产生的冲击响应幅值要大于与内圈接触时产生的冲击响应幅值。另外，由于滚动体上故障点随保持架不断旋转，故分布到故障点的静态载荷密度随保持架的旋转而周期性地变化，故障点到传感器之间的振动信号的传递路径也随保持架的旋转而周期性地变化，故滚动体缺陷引起的冲击响应幅值必然受到保持架旋转频率的调制。

在滚动轴承的各元件中，滚珠既有自转又有公转，既与外圈碰撞又与内圈碰撞，而且它的故障特征信号在传递至传感器的过程中所受的干扰最多，故障特征最为微弱，提取最为困难。

2.3 滚动轴承滑移接触下振动特性研究

2.3.1 滚动轴承滑移接触理论分析

在 2.2.1 节已提及，由于滚动轴承转速变化和滚动体所在承载区位置的不同都会对各个滚动体与滚道之间的接触角有所影响，滚动轴承中各个滚动体的转速就不尽相同。但因为保持架的存在使得滚动体的公转速度保持相同，所以各滚动体与滚道之间不可能为纯滚动接触，而是会产生微小滑移。

在圆柱滚子轴承中，滚动体与内、外圈滚道之间的接触类型是线接触，在不打滑的情况下，符合纯滚动假设，可以运用赫兹理论线接触计算接触应力及变形。如图2.3所示，载荷由 Y 向下施加，从单个滚动体的 Z 方向（轴向）看，此时滚动体沿着 Y 向的各处接触应力一致，且对应发生的接触变形也相同。故仅分析两接触物体在 XY 平面上的接触关系，就可以得出它们之间的接触特性。

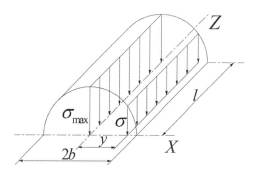

图2.3　滚动体局部三维接触关系分析简图

当仅受 Y 向（竖直方向）外力 F 的作用下时，滚动体与外圈的接触局部模型符合理想赫兹线接触理论，即接触线将扩展成一个矩形，且沿着原接触线两侧应力呈半椭圆柱状[5]，如图2.4所示。

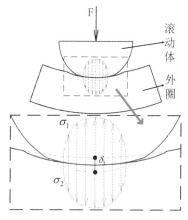
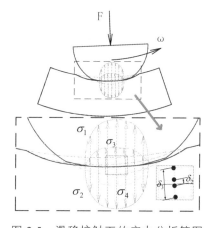

图2.4　受外力 F 的滚动体与外圈局部接触变形示意图　　图2.5　滑移接触下的应力分析简图

在滚动轴承实际运行中，滚动体与内、外圈之间接触的时候产生滑移。如图2.5所示，在已经承受外载荷 F 的基础上，考虑到滚动体与外圈之间产生的滑移接触，使得滚动体与外圈之间存在的角速度差 ω，此时滚动体与外圈之间形成的接触斑不关于 Y 方向上对称，如图2.6所示，此为带有滑移接触的滚动体与外圈产生的接触斑。图中 S 表示打滑区，H 表示为黏着区，D_H 表示为蠕滑产生的多余接触面积。可以看出附加的接触面积都出现

在 Y 向右侧,即 $S < H + D_H$。再根据剪切应力与剪切应变成正比的定理,可以推导出滚动体在 X 方向受到的力 F_1 与 F_2 不相等。并且根据正应力与剪切应力之间的转换关系,滚动体与外圈之间的角速度差使得它们之间会形成一个斜方向的正应力 σ_3、σ_4(如图 2.5 所示),再根据应力应变之间的关系式可得出考虑角速度差后的接触变形值。

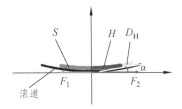

图 2.6　滑移后的接触斑变化图

2.3.2　无故障轴承滑移接触下振动特性分析

为了能够探究滚动轴承内部元件之间滑移接触和赫兹纯滚动之间的区别,现通过建立滚动轴承动力学模型,以赫兹纯滚动接触与滑移接触作为变量,研究对比两种接触关系对滚动轴承的振动特性的差异性变化。

假设滚动体与内、外圈都只是平面移动;滚动体在内、外圈滚道之间的接触为纯滚动,没有摩擦力的影响;滚动体与内、外圈之间的接触关系符合赫兹接触公式;不考虑滚动体的质量,可以建立一个 2-DOF 滚动轴承动力学模型[6],如图 2.7 所示。在该动力学模型简图中,滚动体与内外圈之间的接触被考虑成弹簧-阻尼结构,并且它们之间的运动关系符合纯滚动理论。图 2.8 所示为滚动体与内、外圈滚道相接触时的运动关系图。

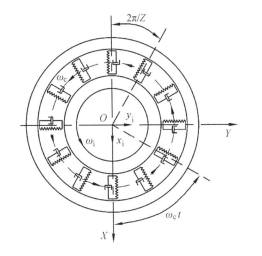
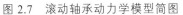
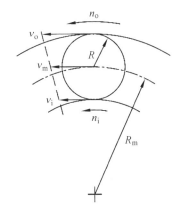

图 2.7　滚动轴承动力学模型简图　　图 2.8　滚动体与内、外圈滚道运动关系简图

以 NU306 圆柱滚子轴承为例,其几何参数如表 2.1 所示。

表 2.1　NU306 轴承几何参数表

轴承参数	参数数值
滚动体直径 D/mm	11
轴承外径 d_o/mm	72
轴承内径 d_i/mm	30
外滚道直径 D_o/mm	62.5
内滚道直径 D_i/mm	40.5
轴承厚度 B/mm	19
径向游隙 r_o/mm	10e-3

通过查阅文献[7]可知 NU306 圆柱滚子轴承的额定动载荷计算公式为：

$$C = b_m f_c (iL_{vc} \cos \alpha)^{7/9} Z^{3/4} D_{vc}^{29/27} s \qquad (2.8)$$

式中：C 为滚动轴承承受的额定动载荷值（N）；b_m 为材料的加工系数（查阅文献[8]可知，取 1.1）；f_c 表示形状精度系数（查阅文献[8]可知，取 52.1）；i 为一套轴承内的滚动体列数；L_{vc} 为滚子有效长度（mm）；α 为接触角（°）；Z 为每列滚动体数；D_{vc} 为滚子直径（mm）。

通过上述公式计算出 NU306 圆柱滚子轴承的额定动载荷为 47 944.12 N，结合经验公式可得该轴承的重、轻载取值范围。为了解轴承在各个工况区间内考虑接触滑移的影响，通过经验取 1000 r/min、3000 r/min、5000 r/min 作为滚动轴承的低、中与高速工况，1000 N、5000 N、9000 N 作为滚动轴承的轻、中与重载工况。根据文献[7]所示的滚动轴承二自由度（2-D）非线性动力学模型，运用四阶龙格-库塔法对模型进行求解。将上述确定的 NU306 圆柱滚动轴承的轻、重载工况与高、低速工况分别应用于 2-D 的滚动轴承动力学模型中，以滑移接触计算出的载荷-位移公式与赫兹纯滚动下的对比，获得滑移与理论的载荷-位移各工况在径向无故障模型内圈振动信号的峰-峰值指标（当无故障时，这里只考虑了内圈振动信号，因外圈一般固定于轴承座，内圈则随轴转动），如表 2.2 所示。

表 2.2　各工况下无故障模型接触滑移与理论的内圈振动信号峰峰值结果

		1000 r/min-1000 N	3000 r/min-1000 N	5000 r/min-1000 N	5000 r/min-5000 N	5000 r/min-9000 N
p-p	赫兹计算	7.55	21.33	123.03	93.38	35.16
	滑移计算	11.28	45.33	86.69	70.87	26.75

由表 2.2 可以看出，当滚动轴承处于中低速的时候，考虑滑移接触时，内圈振动信号峰-峰值比赫兹纯滚动的值要大；但当处于高速的情况，赫兹纯滚动得出的峰-峰值比滑移接触的要大，且随着载荷的增大峰-峰值相对减少。考虑到滚动轴承处于高速轻载工况时，其滚动体易与内、外圈滚道产生滑移接触的共识，而具体是转速还是载荷对滚动轴承产生滑移接触的影响大却无从得知。为进一步探究其关系，通过低速轻载工况、高速轻载工况、高速重载工况下的滚动轴承动力学模型内圈振动信号图分析，如图 2.9 ~ 图 2.14 所示。

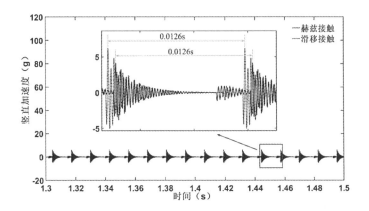

图 2.9　在 1000 r/min-1000 N 工况下无故障内圈振动曲线对比时域图

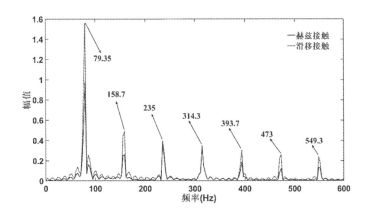

图 2.10　在 1000 r/min-1000 N 工况下无故障轴承内圈振动曲线对比频域图

　　图 2.9 与图 2.10 所示，为 1000 r/min-1000 N 工况下的滚动轴承动力学模型内圈振动时域图与频域图。从图 2.9 所示的时域图中可以看出，无论是滑移接触还是赫兹纯滚动接触下的内圈振动幅值都很小；赫兹接触产生的内圈振动幅值会略大于赫兹纯滚动接触下产生的值，且相对于赫兹接触，滑移接触的信号会滞后。因为在低速轻载的工况下，滚动体与内外圈之间的接触力也会很小，故内圈振动幅值会较小。考虑到低转速下滚动轴承工作较稳定，不易产生滑移接触现象，现却将滑移接触下的载荷与位移公式考虑进模型内，进而使得为滚动体平添一个与内、外圈之间的相对滑移速度，满足于赫兹纯滚动理论下的滚动体与外圈接触，当它们之间存在一个相对滑移速度时，接触变形会相应地变大，根据应力应变理论，即接触力也会随之增大，即滑移接触会比赫兹接触下的内圈振动幅值要大。动力学模型仿真信号中滚动体公转速度会略低于理论下滚动体公转速度，从而导致滚动体与内圈之间的接触碰撞会滞后。从图 2.10 中还可以看出，考虑滑移接触与赫兹接触下的内圈振动信号频率大体一致，并且赫兹接触下的频域成分不如滑移接触下的频率成分稳定。

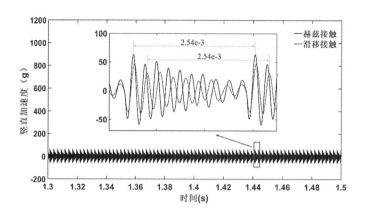

图 2.11　5000 r/min-1000 N 工况下内圈振动曲线对比时域图

　　图 2.11 所示为 5000 r/min-1000 N 工况下滚动轴承动力学模型内圈振动信号时域图。从该图可以看出，赫兹纯滚动接触比滑移接触下的内圈振动信号幅值要大，且相位差几乎为零；同图 2.9 低速轻载工况下相比，内圈振动信号大了很多倍。这是因为本工况为高速轻载工况，滚动轴承易于产生滑移接触现象，运用滑移接触下的载荷-位移公式时，使得滚动轴承内部接触程度处于较平缓状态，并且振动信号相对衰减得较稳定。针对于比低速轻载工况下内圈振动信号大了很多倍的现象，是由于工况变复杂，滚动体与内、外圈的接触力变大所致。

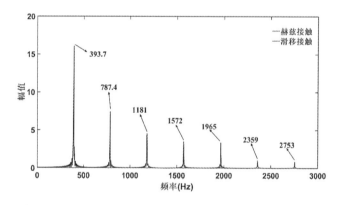

图 2.12　在 5000 r/min-1000 N 工况下无故障轴承内圈振动曲线对比频域图

　　图 2.12 所示为 5000 r/min-1000 N 工况下滚动轴承动力学模型内圈振动信号频域图。从图中依旧可以得到滑移接触与赫兹接触下的频率成分一致。但是在中低频段，赫兹接触的频率成分衰减明显比滑移接触的快。这进一步体现了在高速轻载工况下考虑滑移接触的动力学模型振动信号会更平缓且稳定。

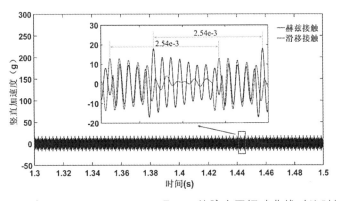

图 2.13　在 5000 r/min-9000 N 工况下无故障内圈振动曲线对比时域图

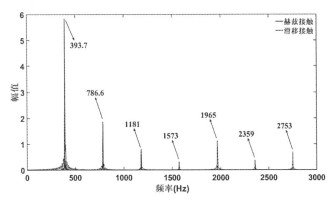

图 2.14　在 5000 r/min-9000 N 工况下无故障轴承内圈振动曲线对比频域图

图 2.13 与图 2.14 所示为在 5000 r/min-9000 N 工况下滚动轴承动力学模型内圈振动信号时、频域图。如图 2.13 所示，滑移接触下内圈振动信号的幅值比赫兹接触下的要大，且滑移接触与赫兹接触下的内圈振动信号会存在相位差，原因是在高速重载下，滚动轴承本不易发生滑移现象，而在动力学中却考虑了滑移接触带来的受力影响，使得内圈振动减弱，并且在非滑移阶段会出现"挤飞"现象（此时滚动体受到的内、外圈接触力很小）。针对存在相位差现象，原因是动力学模型考虑了滑移接触，滚动体惯性大，同样因为"挤飞现象"，仿真中滚动体公转速度会略高于理论下滚动体公转速度，故滚动体与内圈之间的接触碰撞会超前。由图 2.14 可得，赫兹接触与滑移接触下的内圈振动信号频率成分一致，滑移接触下的内圈振动信号的频域幅值比赫兹接触下的值要大，但与图 2.12 中得出的振动幅值结论相反。

2.3.3　故障轴承滑移接触下振动特性分析

上一节分析了无故障轴承滑移接触下振动特性分析，本节通过建立三种不同运动自由度下的滚动轴承动力学模型，以不同的故障尺寸为变量，在考虑滑移接触与时变位移、刚度等因素的基础上，探究故障轴承的振动特性[9]。

1. 考虑滚动体运动下的轴承动力学模型建立

已有研究表明，滚动体在轴承运动中会受到离心力与重力的作用，滚动体的质量不可忽略，这就使得轴承内部元件之间的接触不再是如图 2.15（a）所示的简单的两自由度模型，需要考虑到滚动体在滚道内产生的径向位移。接触关系简图如图 2.15（b）所示。

（a）两自由度模型　　　　（b）三自由度模型

图 2.15　滚动轴承接触方式简图

结合以上分析，在轴承外圈固定的情况下，考虑滚动体的质量时，滚动体沿轴承滚道运动的径向位移就必须要加入轴承动力学模型中。故得出滚动体与内、外圈滚道之间的接触运动分析简图，如图 2.16 所示。

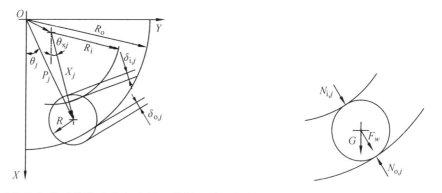

图 2.16　考虑滚动体径向移动的滚动体与内外圈接触运动分析简图　图 2.17　滚动体受力简图

从图 2.16 中的运动分析可以得出，滚动体中心与内、外圈质心的距离为：

$$P_j = R_i + R + R_j \quad P_j = R_i + R + R_j \tag{2.8}$$

$$X_j = \sqrt{(P_j \cos \theta_j - x_i)^2 + (P_j \sin \theta_j - y_i)^2} \tag{2.9}$$

式中：P_j 表示第 j 个滚动体的中心与外圈质心之间的距离；R_j 表示滚动体的径向位移量，其中滚动体向外移动取正值；X_j 表示第 j 个滚动体的中心与内圈质心之间的距离。

通过图 2.16 分析推导出带外圈故障的滚动体与内、外圈之间的接触变形量分别为：

$$\delta_{i,j} = R_i + R - \frac{P_d}{2} - X_j \tag{2.10}$$

$$\delta_{o,j} = R_j - \frac{P_d}{2} \tag{2.11}$$

式中：$\delta_{i,j}$ 与 $\delta_{o,j}$ 分别表示第 j 个滚动体与内、外圈之间的接触变形值；P_d 表示轴承的径向游隙。

再根据赫兹接触理论，第 j 个滚动体分别与内、外圈之间的接触力计算公式如式（2.12）及式（2.13）所示：

$$N_{i,j} = K_i \delta_{i,j}^n \tag{2.12}$$

$$N_{\mathrm{o},j} = K_{\mathrm{o}}\delta_{\mathrm{o},j}^{n} \tag{2.13}$$

式中：$N_{\mathrm{i},j}$ 与 $N_{\mathrm{o},j}$ 分别表示第 j 个滚动体受到的内、外圈的接触力；K_{i}、K_{o} 依次表示滚动体与内、外圈的接触刚度系数。

从图 2.16 所示的滚动轴承内部元件运动接触关系简图，可以分析出滚动体的受力简图，如图 2.17 所示。结合牛顿第二定律，可以得出滚动体运动时受到的径向力平衡公式：

$$N_{\mathrm{i},j} - N_{\mathrm{o},j} + G\cos\theta_{j} + F_{\mathrm{w}} - c\frac{\mathrm{d}R_{j}}{\mathrm{d}t} = m_{\mathrm{r}}\frac{\mathrm{d}^{2}R_{j}}{\mathrm{d}t^{2}} \tag{2.14}$$

式中：G 是滚动体的重力；F_{w} 表示为滚动体的离心力；m_{r} 表示滚动体的质量。

对于滚动体受到的离心力可通过式（2.15）求解出：

$$F_{\mathrm{w}} = m_{\mathrm{r}} R_{\mathrm{m}} w_{j}^{2} \tag{2.15}$$

式中：w_{j} 表示滚动体的公转转速。当处于纯滚动接触的时候，则滚动体公转转速与保持架转速的值一致，即 $w_{j}=w_{\mathrm{c}}$。

2. 考虑外圈运动下的轴承动力学模型建立

一些学者认为，轴承外圈与轴承座之间的耦合运动会影响到整个轴承实际的振动特性[7]。为研究在外圈运动下内圈的振动特性，建立了一个考虑外圈运动的 4-DOF 动力学模型，如图 2.18 所示为滚动轴承动力学模型运动简图，与图 2.7 所示的 2-DOF 模型相比，增加了外圈与轴承座之间在 X、Y 方向上的刚度与阻尼。

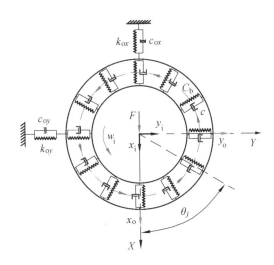

图 2.18 考虑外圈运动的滚动轴承动力学模型运动简图

当考虑外圈运动下动力学模型中接触力的计算时，对图 2.18 分析可知，则第 j 个滚动体与滚动轴承内、外圈之间的变形值为：

$$\delta_{j} = (x_{\mathrm{i}} - x_{\mathrm{o}})\cos\theta_{j} + (y_{\mathrm{i}} - y_{\mathrm{o}})\sin\theta_{j} - \frac{P_{\mathrm{d}}}{2} \tag{2.16}$$

式中：x_{i}、y_{i} 表示内圈在 X、Y 方向上的位移；x_{o}、y_{o} 表示外圈在 X、Y 方向上的位移。

可以求得内、外圈在 X、Y 方向上受到的接触力计算公式为：

$$\left.\begin{array}{l} N_{ix} = -N_{ox} = \sum_{j=1}^{N_b} C_b \delta_j^n \cos \theta_j \\ N_{iy} = -N_{oy} = \sum_{j=1}^{N_b} C_b \delta_j^n \sin \theta_j \end{array}\right\} \tag{2.17}$$

式中：N_{ix}、N_{iy}、N_{ox} 与 N_{oy} 分别表示内、外圈在 X、Y 方向受到的接触力；C_b 为滚动体与内外圈滚道间的接触变形系数，可由式（2.18）求出[10]。

$$C_b = \left(\dfrac{1}{\left(\dfrac{1}{K_i} \right)^{\frac{1}{n}} + \left(\dfrac{1}{K_o} \right)^{\frac{1}{n}}} \right)^n \tag{2.18}$$

式中：K_i、K_o 分别表示滚动体与内、外圈滚道间的接触刚度，其值可通过赫兹公式计算得出。

当考虑外圈运动下动力学模型中内外圈的受力分析时，为了简化轴承座与外圈之间的接触力与阻尼力计算，运用胡克弹性定律求解轴承座与外圈在 X、Y 方向上的接触力，运用黏性阻尼公式求解轴承座与外圈在 X、Y 方向上的接触力。图 2.19 所示为内、外圈受力示意图。其中 C_{ox}、C_{oy} 表示外圈与轴承座之间在 X、Y 方向上的黏性阻尼系数；k_{ox}、k_{oy} 表示外圈与轴承座之间在 X、Y 方向上的刚度系数；$\dot{x}_o$、$\dot{y}_o$ 表示外圈在 X、Y 方向上的相对速度。

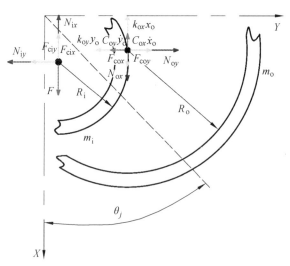

图 2.19　外圈运动下内外圈受力分析简图

由图 2.19 可以得出内、外圈的振动平衡公式为：

$$\left.\begin{array}{l} m_i \ddot{x}_i + N_{ix} + F_{cix} = F \\ m_i \ddot{y}_i + N_{iy} + F_{ciy} = 0 \end{array}\right\} \tag{2.19}$$

$$\left.\begin{array}{l} m_o \ddot{x}_o + (k_{ox} x_o - N_{ox}) + (C_{ox} \dot{x}_o - F_{cox}) = 0 \\ m_o \ddot{y}_o + (k_{oy} y_o - N_{oy}) + (C_{oy} \dot{y}_o - F_{coy}) = 0 \end{array}\right\} \qquad (2.20)$$

3. 故障轴承下时变位移与时变刚度的计算

当外圈轴承滚道上存在一个贯穿轴向的矩形故障时，图 2.20（a）、（b）、（c）依次表示滚动体通过故障宽度 L 为 0.1 mm、0.2 mm 与 0.4 mm，深度 H 为 9.092E-04 mm 的运动轨迹示意图。

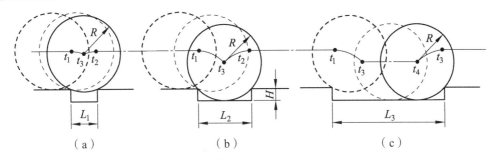

图 2.20　滚动体质心滚过不同故障示意图

根据参考文献[11]-[12]，滚动体从故障边缘到下降到最低处时的运动轨迹可选用正弦曲线模拟，且滚动体滚出故障点时的运动曲线与进入故障点时类似，滚动体从进入故障到下降至最低处这一运动过程，可以通过一个 1/4 的正弦曲线表示，由此，可将滚动体通过图 2.20 所示三种故障的运动简化为如图 2.21 所示。

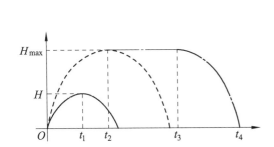

图 2.21　滚动体通过不同大小故障时的运动简图

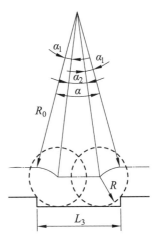

图 2.22　滚动体通过 L_3 故障时各角度示意图

由图 2.21 可知，在故障大小为（a）与（b）型时，滚动体下降到故障最低位置 H 的计算公式为：

$$H = R - \sqrt{R^2 - (L/2)^2} \qquad (2.21)$$

式中：R 表示滚动体半径；L 表示矩形贯穿故障的宽度；其中当故障长度为 L_2（0.4 mm）时，滚动体下降最低深度为 H_{max}(9.092 E-04 mm)。

则得出滚动体过这三种故障时的运动关系式如下：

$$P_a = \begin{cases} H\sin\left(\pi\,\mathrm{mod}\left(\theta_j + \dfrac{\alpha}{2}, 2\pi\right)/\alpha\right) & 0 \leqslant \mathrm{mod}\left(\theta_j + \dfrac{\alpha}{2}, 2\pi\right) \leqslant \alpha \\ 0 & \text{其他} \end{cases} \quad (2.22)$$

$$P_b = \begin{cases} H_{\max}\sin\left(\pi\,\mathrm{mod}\left(\theta_j + \dfrac{\alpha}{2}, 2\pi\right)/\alpha\right) & 0 \leqslant \mathrm{mod}\left(\theta_j + \dfrac{\alpha}{2}, 2\pi\right) \leqslant \alpha \\ 0 & \text{其他} \end{cases} \quad (2.23)$$

$$P_c = \begin{cases} H_{\max}\sin\left(\pi\,\mathrm{mod}\left(\theta_j + \dfrac{\alpha}{2}, 2\pi\right)/(2\alpha_1)\right) & 0 \leqslant \mathrm{mod}\left(\theta_j + \dfrac{\alpha}{2}, 2\pi\right) < \alpha_1 \\ H_{\max} & \alpha_1 \leqslant \mathrm{mod}\left(\theta_j + \dfrac{\alpha}{2}, 2\pi\right) < \alpha_2 \\ H_{\max}\sin\left(\pi\left(\mathrm{mod}\left(\theta_j + \dfrac{\alpha}{2}, 2\pi\right) - \alpha_1 - \alpha_2\right)/\alpha\right) & \alpha_2 \leqslant \mathrm{mod}\left(\theta_j + \dfrac{\alpha}{2}, 2\pi\right) \leqslant \alpha \\ 0 & \text{其他} \end{cases} \quad (2.24)$$

式中：P_a、P_b、P_c 分别表示滚动体通过如图 2.20 中（a）、（b）、（c）故障时的运动方程；α 为缺陷故障角度，其求解公式如式（2.25）所示；α_1 为故障类型（c）中滚动体进入故障带第一次触底时的角度；α_2 为滚动体在故障类型（c）触底后平移的角度，如图 2.22 所示。

$$\alpha = 2\arcsin\left(\frac{L}{2R_o}\right) \quad (2.25)$$

由图 2.22 可得 α_1 与 α_2 的计算公式如下：

$$\alpha_1 = \arcsin\left(\frac{L_1}{2R_o}\right) \quad (2.26)$$

$$\alpha_2 = \alpha - 2\alpha_1 \quad (2.27)$$

式中：R_o 表示轴承外滚道直径。

基于以上滚动体通过故障时的时变位移，可以得出考虑滚动体运动或者外圈运动下动力学模型的接触变形公式。

考虑外圈不动时建立的动力学模型（简称"kc"模型），滚动体与内外圈之间的接触变形公式为：

$$\delta_j = x_i\cos\theta_j + y_i\sin\theta_j - \frac{P_d}{2} - P \quad (2.28)$$

式中：P 为受故障影响下的时变位移，根据三种故障尺寸类型分为 P_a、P_b 与 P_c。

对于考虑滚动体运动的动力学模型（简称"kcm"模型），其接触变形公式为：

$$\delta_{i,j} = R_i + R - \frac{P_d}{2} - X_j - P \quad (2.29)$$

$$\delta_{o,j} = R_j - \frac{P_d}{2} - P \quad (2.30)$$

对于考虑外圈运动的动力学模型（简称 "kckc" 模型），其接触变形公式为：

$$\delta_j = (x_i - x_o)\cos\theta_j + (y_i - y_o)\sin\theta_j - \frac{P_d}{2} - P \qquad (2.31)$$

由图 2.20 可知，滚动体在通过故障时会存在与外圈接触类型不同的情况，即滚动体与外圈的接触刚度是时变的。令滚动体通过故障边缘时与外圈的接触刚度为 k_{o1}；滚动体与两侧故障边缘的接触刚度为 k_{o2}；滚动体存在三点接触时与外圈接触刚度为 k_{o3}；滚动体与故障边缘和底部两点接触时的接触刚度为 k_{o4}。则滚动体通过三种故障时的时变刚度变化可以通过数学公式依次推导出。

（a）型故障的时变刚度：在这类故障中，滚动体与外圈存在三种接触形式。最开始是滚动体与外圈健康部分相互接触，此时刚度系数为 k_o；其次是滚动体与外圈故障两侧边缘存在两点接触时，此时刚度系数为 k_{o2}；剩余时刻则是滚动体与外圈故障边缘存在单点接触时，此时刚度系数为 k_{o1}。具体的数学表达式如下：

$$k_o = \begin{cases} k_{o1} & 0 \leqslant \mathrm{mod}\left(\theta_j + \dfrac{\alpha}{2}, 2\pi\right) < \dfrac{\alpha}{2} \\ k_{o2} & \mathrm{mod}\left(\theta_j + \dfrac{\alpha}{2}, 2\pi\right) = \dfrac{\alpha}{2} \\ k_{o1} & \dfrac{\alpha}{2} \leqslant \mathrm{mod}\left(\theta_j + \dfrac{\alpha}{2}, 2\pi\right) \leqslant \alpha \\ k_o & \text{其他} \end{cases} \qquad (2.32)$$

（b）型故障的时变刚度：在这类故障中，滚动体与外圈接触形式大致与（a）型故障类型相同。开始时接触刚度系数为 k_o；其次是滚动体与外圈故障两侧边缘和底部存在三点接触时，此时刚度系数为 k_{o3}；剩余时刻则是滚动体与外圈故障边缘存在单点接触时，此时刚度系数为 k_{o1}。具体的数学表达式如下：

$$k_o = \begin{cases} k_{o1} & 0 \leqslant \mathrm{mod}\left(\theta_j + \dfrac{\alpha}{2}, 2\pi\right) < \dfrac{\alpha}{2} \\ k_{o3} & \mathrm{mod}\left(\theta_j + \dfrac{\alpha}{2}, 2\pi\right) = \dfrac{\alpha}{2} \\ k_{o1} & \dfrac{\alpha}{2} \leqslant \mathrm{mod}\left(\theta_j + \dfrac{\alpha}{2}, 2\pi\right) \leqslant \alpha \\ k_o & \text{其他} \end{cases} \qquad (2.33)$$

（c）型故障的时变刚度：在这类故障中也是存在三种接触形式，如图 2.22 所示，健康区接触时刚度系数为 k_o；其次是滚动体与外圈故障边缘单点接触时（即图中 α_1 角内），此时刚度系数为 k_{o1}；然后是滚动体与故障边缘和底部两点接触时，此时接触刚度为 k_{o4}；剩余时刻则是滚动体与外圈故障底部存在单点接触时，此时刚度系数为 k_o。具体的数学表达式如下：

$$k_{o} = \begin{cases} k_{o1} & 0 \leqslant \mathrm{mod}\left(\theta_{j} + \dfrac{\alpha}{2}, 2\pi\right) < \alpha_{1} \\[2mm] k_{o4} & \mathrm{mod}\left(\theta_{j} + \dfrac{\alpha}{2}, 2\pi\right) = \alpha_{1} \\[2mm] k_{o} & \alpha_{1} < \mathrm{mod}\left(\theta_{j} + \dfrac{\alpha}{2}, 2\pi\right) < \alpha_{1} + \alpha_{2} \\[2mm] k_{o4} & \mathrm{mod}\left(\theta_{j} + \dfrac{\alpha}{2}, 2\pi\right) = \alpha_{1} + \alpha_{2} \\[2mm] k_{o1} & \alpha_{1} + \alpha_{2} < \mathrm{mod}\left(\theta_{j} + \dfrac{\alpha}{2}, 2\pi\right) \leqslant \alpha \\[2mm] k_{o} & \text{其他} \end{cases} \qquad (2.34)$$

根据文献[8]，可以得出时变刚度下各种接触刚度值，如表 2.3 所示。

表 2.3　不同情况下滚动体与外圈之间的接触刚度值

刚度类型	k_o	k_{o1}	k_{o2}	k_{o3}	k_{o4}
数值/（N·m^{-1}）	3.060E+09	2.165E+06	7.562E+06	9.991E+06	7.536E+06

这里运用四阶龙格-库塔法对 kc 模型、kcm 模型与 kckc 模型进行求解。时间步长 t_s 设置为 1E-6s，施加竖直向下的外力 F 为 1000 N，主轴与内圈转速设置为 1000 r/min，各元件的初始位移与速度都设为 0，仍然以 NU306 圆柱滚子轴承为研究对象，其参数如表 2.4 所示。

表 2.4　三种动力学模型所需参数表

参数名称	数值
外滚道半径 R_o /mm	31.25
内滚道半径 R_i /mm	20.25
滚动体半径 R /mm	5.5
滑移接触时滚动体与内圈接触刚度系数 k_i /（N·m^{-1}）	3.060E+09
滚动体与内、外圈之间的阻尼系数 C	1000
滚动体与内、外圈径向游隙 P_d /mm	1E-3
外圈与轴承座之间弹性刚度系数 k_{ox}、k_{oy} /（N·m^{-1}）	2E9
外圈与轴承座之间阻尼系数 C_{ox}、C_{oy}	1000

为了得到各模型对于故障的敏感程度，需要考虑从不同尺寸的故障中来分析振动特性。故通过动力学模型计算，得出三种模型在（a）型故障、（b）型故障与（c）型故障中内圈竖直方向上的振动信号数据，如图 2.23 ~ 图 2.25 所示。

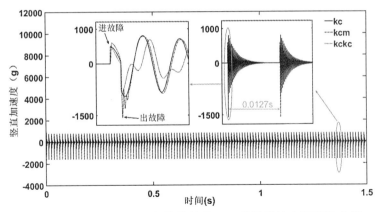

图 2.23　基于 0.1 mm 贯穿故障轴承下三种模型的内圈振动曲线

图 2.23 为基于 0.1 mm 贯穿故障轴承在 1000 r/min-1000 N 工况下三种模型的内圈振动曲线。由图可知，kcm 模型依旧在这三种模型中振动幅值最大，原因是考虑了滚动体的波动，使其与内圈的振动更加剧烈。并且可以看出三种模型中，kcm 模型与 kckc 模型都比 kc 模型振动衰减得更快，原因是在 kc 模型中，振动原件仅有内圈，当其开始振动时仅靠阻尼约束使其振动衰减，但是在 kcm 模型与 kckc 模型中会存在滚动体或者外圈振动，会对内圈的振动起一定的相互约束作用，故衰减得更快。图 2.23 左上角小图表示滚动体通过故障瞬间的内圈振动信号，从中可以看出 kcm 模型中滚动体通过故障区域时的振动较剧烈，更加印证了上述的结论；并且可以看出 kcm 模型中，当滚动体出故障时会有一段剧烈波动期，这是由于滚动体滚入故障时是因为惯性力，而出故障时会克服惯性力并且还与故障边缘发生碰撞，进而造成出故障时产生振动剧烈的现象。

图 2.24 为基于 0.2 mm 贯穿故障轴承在 1000 r/min-1000 N 工况下三种模型的内圈振动曲线。由图可知，kcm 模型计算出的内圈最大振动幅值依然比其他的模型计算值大，且 0.2 mm 故障下的值比 0.1 mm 故障下的值要大。这是因为故障变大了，滚动体与内圈可下降的范围变大，滚动体与内圈之间不稳定程度进而增大，导致内圈竖直方向上的受力增大。图 2.24 左上角小图表示滚动体通过故障瞬间的内圈振动信号，与 0.1 mm 故障相比，0.2 mm 故障的振动相对平缓，并且 kckc 模型的波峰个数也相对减少。

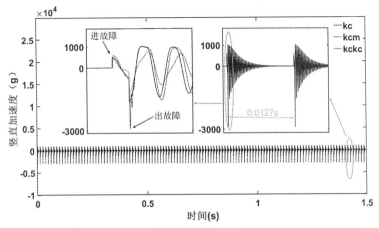

图 2.24　基于 0.2 mm 贯穿故障轴承下三种模型的内圈振动曲线

图 2.25 为基于 0.4 mm 贯穿故障轴承在 1000 r/min-1000 N 工况下三种模型的内圈振动曲线。由图可知，图中左上角的小框图中，有着很明显的进故障与出故障振动特性，原因是轴承外圈的故障尺寸较大，滚动体会在故障底部形成一定的接触区，使故障时产生碰撞衰减，进而放大了滚动体出故障时的碰撞。并且在 0.4 mm 故障时 kckc 模型的波峰个数增加，原因是考虑了外圈振动，使得内外圈之间的耦合效果增加，是外圈振动带动了内圈振动。

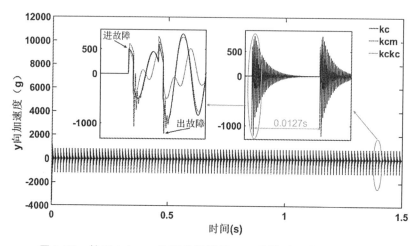

图 2.25　基于 0.4 mm 贯穿故障轴承下三种模型的内圈振动曲线

本章参考文献

[1] 周建民，游涛，尹文豪，等. 基于融合 FCM-SVDD 模型的滚动轴承退化状态识别[J]. 机械设计与研究，2020，36（01）：124-129.

[2] 田福庆，罗荣，贾兰俊，等. 机械故障非平稳特征提取方法及其应用[M]. 北京：国防工业出版社，2014.

[3] McFadden P D, Smith J D. Model for the vibration produced by a single point defect in a rolling element bearing[J]. Journal of Sound and Vibration, 1984(96): 69-82.

[4] 余博，梁伟阁，田福庆. 机械传动部件故障诊断与性能退化评估方法研究[M]. 北京：清华大学出版社，2020.

[5] Harsha S P. Nonlinear dynamic analysis of an unbalanced rotor supported by roller bearing[J]. Chaos, Solitons and Fractals, 2004, 26(1): 47-66.

[6] 涂文兵，梁杰，罗丫，等. 加速工况下滚动轴承动态载荷特性研究[J]. 振动与冲击，2021，40（9）：152-159.

[7] Jiang Y C, Huang W T, Luo J N, et al. An improved dynamic model of defective bearings considering the three-dimensional geometric relationship between the rolling element and defect area[J]. Mechanical Systems and Signal Processing, 2019, 129：694-716.

[8] 卜炎. 实用轴承技术手册[M]. 北京：机械工业出版社，2004.

[9] 陈超. 基于滑动非理想赫兹接触的滚动轴承动力学特性研究[D]. 南昌：华东交通大学，2021.

[10] Harsha S P. Nonlinear dynamic analysis of an unbalanced rotor supported by roller bearing[J]. Chaos, Solitons and Fractals, 2004, 26(1): 47-66.

[11] Ahmadi A M, Petersen D, Howard C. A nonlinear dynamic vibration model of defective bearings-The importance of modelling the finite size of rolling elements[J]. Mechanical Systems & Signal Processing, 2015, 52-53: 309-326.

[12] Petersen D, Howard C Q, Prime Z. Varying stiffness and load distributions in defective ball bearings: Analytical formulation and application to defect size estimation[J]. Journal of Sound and Vibration, 2015, 337: 284-300.

第 3 章

基于振动信息的特征提取

3.1 引 言

滚动轴承在运行过程中，其运行状态信息往往可以通过监测机械装备的振动信息获得，在目前的各种机械状态监测方法中，基于振动信息分析的方法是最常用的。但是，由于振动信息中不仅含有机械装备的运行状态信息，还包含有噪声等，仅通过时域信号是很难表征机械装备的状态的。因此，国内外学者提出了很多方法来充分提取有辨识性的特征以表征装备的运行状态。不同的特征量是从不同角度反映状态信息的，对故障的敏感性及在特征空间的可分性、聚类性通常也不同，特别是随着特征参数的多元化、特征向量空间维数的增加，状态监测的信息量也大量增加，从而使得我们在进行特征提取时，必须采取科学方法提取对故障及性能退化比较敏感的特征，降低特征向量空间的维数，以减少特征输入量，避免"维数灾难"问题[1]，即必须科学合理地进行特征提取和特征选择。

3.2 多域特征指标

3.2.1 时域特征

振动信号可以反映轴承故障变化的信息，随着故障位置、尺寸大小的变化而发生不同的波动，因此，提取振动信号的时域特征可以有效地表征轴承的工况信息。时域特征提取主要是对采集的振动信号进行时域指标的计算或估计，不同指标对应的分析效果不同，合适的时域特征指标可以有效地提取不同类型的故障信息，从而有利于作出准确的诊断。

根据量纲进行划分，时域特征提取方法可分为有量纲和无量纲，其中有量纲特征如下：
（1）均方根值 x_{rms}

$$x_{rms} = \sqrt{\frac{1}{N}\sum_{i=1}^{N}(x_i - \bar{x})^2} \qquad (3.1)$$

（2）方根幅值 x_{smr}

$$x_{smr} = \left(\frac{1}{N} \sum_{i=1}^{N} \sqrt{|x_i - \overline{x}|} \right)^2 \tag{3.2}$$

（3）绝对平均值 x_{am}

$$x_{am} = \frac{1}{N} \sum_{i=1}^{N} |x_i - \overline{x}| \tag{3.3}$$

（4）歪度 x_s

$$x_s = \frac{1}{N} \sum_{i=1}^{N} (x_i - \overline{x})^3 \tag{3.4}$$

（5）方差 x_v

$$x_v = \frac{1}{N} \sum_{i=1}^{N} (x_i - \overline{x})^2 \tag{3.5}$$

（6）峰峰值 x_{pp}

$$x_{pp} = \max_i (x_i - \overline{x}) - \min_i (x_i - \overline{x}) \tag{3.6}$$

机械设备载荷、转速等工况的变化，会引起有量纲时域特征参数值大小的变化。因此，故障诊断中除了利用以上统计特征参量之外，还广泛应用量纲单一的指标，即无量纲特征。

（1）波形指标 x_w

$$x_w = x_{rms} / x_{am} \tag{3.7}$$

（2）峰值指标 x_{pe}

$$x_{pe} = \max_i (x_i - \overline{x}) / x_{rms} \tag{3.8}$$

（3）脉冲指标 x_{pu}

$$x_{pu} = \max_i (x_i - \overline{x}) / x_{am} \tag{3.9}$$

（4）裕度指标 x_m

$$x_m = \max_i (x_i - \overline{x}) \Big/ x_s \tag{3.10}$$

（5）峭度 x_k

$$x_k = \frac{1}{N} \sum_{i=1}^{N} (x_i - \overline{x})^4 / x_s^4 \tag{3.11}$$

3.2.2　频域特征

故障状态的振动信号的频率一般会随着时间而发生结构变化，通过频域的频谱可以更直观地寻找出故障的频率及倍频，对于时域轴承振动信号，采用快速傅里叶变换可得到频域幅值谱：

$$X(k) = \sum_{i=1}^{N} x_i \mathrm{e}^{-\mathrm{j}2\pi(i-1)(k-1)/N}, \quad k = 1, 2, \cdots, N \tag{3.12}$$

频域特征参数一般可定义为：

（1）平均能量

$$f_1 = \frac{\sum_{k=1}^{K} X(k)}{K} \tag{3.13}$$

（2）重心频率

$$f_2 = \frac{\sum_{k=1}^{k} f_k X(k)}{\sum_{k=1}^{k} X(k)} \tag{3.14}$$

（3）均方频率

$$f_3 = \frac{\sum_{k=1}^{k} f_k^{\,2} X(k)}{\sum_{k=1}^{k} X(k)} \tag{3.15}$$

（4）频率方差

$$f_4 = \frac{\sum_{k=1}^{k} (f_k - f_2)^2 X(k)}{\sum_{k=1}^{k} X(k)} \tag{3.16}$$

（5）均方根频率

$$f_5 = \sqrt{\frac{\sum_{k=1}^{k} (f_k - f_2)^2 X(k)}{\sum_{k=1}^{k} X(k)}} \tag{3.17}$$

（6）频率幅值方差

$$f_6 = \sqrt{\frac{\sum_{k=1}^{k} f_k^{\,2} X(k)}{\sum_{k=1}^{k} X(k)}} \tag{3.18}$$

（7）频域幅值偏度指标

$$f_7 = \frac{\sum_{k=1}^{k} (X(k) - \bar{X})^2}{\sqrt{f_6^3}} \tag{3.19}$$

（8）频谱集中程度

$$f_8 = \frac{\sum_{k=1}^{K} [X(k) - f_1]^2}{K - 1} \tag{3.20}$$

（9）主频带位置

$$f_9 = \frac{\sum\limits_{k=1}^{K} f_k X(k)}{\sum\limits_{k=1}^{K} X(k)} \qquad (3.21)$$

频域的特征 f_1 反映振动能量的大小；$f_2 \sim f_4$ 反映主频带的位置；$f_5 \sim f_9$ 反映频谱的分散程度或集中程度。

3.2.3 时频域特征

现实中采集到的设备信号大多数为非平稳信号，且随着时间的增长，频率变化较大，产生的振动信号包含的信息也较多，仅从时域的统计特征信息和频域提取的特征信息并不能全面地表征出设备的实际状态，因此需要进一步反映信号的联合特征。时频分析方法是通过对信号进行分解，从而获取可以全面反映信号的时频域联合特征，通过设计时间和频率的联合函数，可描述信号在不同时间和频率的能量密度与强度。

目前常用的时频分析方法有小波变换、短时傅里叶变换、Wigner-Ville 分布、Hilbert-Huang 变换、经验模态分解等。时频域特征既包括其在频域上的一些特征，又保留了其在时域上的一些特性，对时频域进行特征提取，提取出来的特征更能够全面地反映滚动轴承实际振动信号情况。

3.3 多尺度特征提取

3.3.1 小波包能量熵

1. 短时傅里叶变换

短时傅里叶变换是比较常用的一种时频分析方法，它利用时间窗内截取的信号来表示当前时刻的信号特征。其主要思想为：利用窗函数把信号分割为几个小时间间隔的子信号，然后对各子信号进行傅里叶变换，从而确定该时间间隔存在的频率。

$$S(\omega, \tau) = \int\limits_{R} f(t) g^*(\overline{\omega} - \tau) \mathrm{e}^{-\mathrm{j}\omega t} \mathrm{d}t \qquad (3.22)$$

式中：* 为复共轭；$g(t)$ 为窗函数；$f(t)$ 为输入信号。虽然短时傅里叶变换具有局部分析的能力，但只要确定 $g(t)$ 后，窗口的形状就无法被改变。参数 t 和参数 ω 仅可以改变相位位置，不可以改变窗口形状。因此，短时傅里叶变换通常被应用于平稳信号分析中。而对于非平稳信号，当非平稳信号波形发生剧烈变化的时刻，其主频为高频时，则要求特征提取方法有较高的时间分辨率；而当波形较为平缓的时刻，主频是低频，则要求特征提取方法具有较高的频率分辨率。但短时傅里叶变换明显不具备这两种特征，因此，短时傅里叶变换不能用于分析处理非平稳信号。

2. 小波变换

小波变换作为一种时频分析方法，具有良好的时频局域化特征，克服了傅里叶变换对局部细节的发掘缺陷，因而得到了广泛应用。小波变换采用多时间-尺度窗，可以根据需要改变相应的窗函数长短，从而满足对时间分辨率和频率分辨率的要求。该理论框架是由物理学家 Morlet 和 Grossman 构建完成的，他们证明了 L^2（R）空间内的任意函数可以通过一组称为"小波基函数"的分解来表征。

设 $\Psi \in L^2 \cap L^{-1}$，且 $\overline{\Psi}(0) = 0$，则可由小波基 $\Psi(t)$ 通过伸缩和平移的方式来产生的一个函数族 $\Psi_{a,b}(t)$，称为"小波"：

$$\Psi_{a,b}(t) = \frac{1}{\sqrt{a}} \Psi\left(\frac{t-b}{a}\right) \tag{3.23}$$

式中：$a, b \in R$ 且 $a \neq 0$，a 为伸缩因子，b 为平移因子；$\Psi_{a,b}(t)$ 称为小波函数，其中 Ψ 被称为基本小波或母小波。基本小波 Ψ 需满足以下允许性条件：

$$C_\Psi = \int_R |\omega|^{-1} |\Psi(\omega)|^2 \, \mathrm{d}\omega < \infty \tag{3.24}$$

其中：$\Psi(\omega)$ 为 $\Psi(t)$ 函数的傅里叶变换。其中，小波变换可区分为连续小波变换和离散小波变换。

（1）连续小波变换。

设 $x(t) \in L^2(R)$，$a, b \in R$ 且 $a \neq 0$，则连续小波变换（CWT）的定义为

$$(W_\Psi x)(a,b) = \langle x, \Psi_{a,b} \rangle = \int_R x(t) \overline{\Psi}\left(\frac{t-b}{a}\right) \mathrm{d}t \tag{3.25}$$

式中：$\langle \bullet \rangle$ 表示内积；$(W_\Psi x)(a,b)$ 称为小波系数。如果 Ψ 是一个实函数，并且 $a > 0$，则连续小波逆变换公式为：

$$x(t) = \frac{2}{C_\Psi} \int_0^{+\infty} \int_{-\infty}^{+\infty} \frac{1}{a^2} (W_\Psi x)(a,b) \frac{1}{\sqrt{a}} \Psi\left(\frac{t-b}{a}\right) \mathrm{d}b \mathrm{d}a \tag{3.26}$$

由此可知，小波变换中，通过改变 a 与 b 的值，可以使小波窗口沿着时间轴进行移动，从而在不同尺度上对所有时间域上的函数变化进行处理分析。

（2）离散小波变换。

在对一维信号 $x(t)$ 进行连续小波变换后，会得到一些冗余信息，而信号处理的关键是用没有冗余的信息完整地表达原始信号，而且在实际工程应用中，特别是需要使用计算机来处理一些信号时，需要通过离散小波变换来对 $x(t)$ 进行分析，以减少冗余度且降低其计算量。

离散小波变换是通过对尺度参数 a 与平移参数 b 进行离散取值处理而实现的。一般情况下，把 $\Psi_{a,b}(t)$ 中的 a 和 b 取为幂级数的形式，如式（3.27）所示，其中 $a_0 > 1, b_0 > 0$，（$j, k \in Z$）。

$$\left.\begin{array}{l} a = a_0^j \\ b = ka_0^j b_0 \end{array}\right\} \qquad (3.27)$$

对应的离散小波变换为:

$$\varPsi_{j,k} = a_0^{-\frac{1}{2}} \varPsi(a_0^{-j}t - kb_0) \qquad (3.28)$$

因为尺度 a 在指数 j 变化时敏感性较高,所以,以幂级数的方式离散化处理尺度因子和平移因子就是一种高效的离散化方法。信号 $x(t)$ 的离散小波变换系数的表达式为:

$$(W_\psi x)(j,k) = \int_{-\infty}^{+\infty} x(t)\overline{\varPsi}_{j,k}(t)\mathrm{d}t \qquad (3.29)$$

式(3.29)通常被称为信号的"离散小波变换"。

3. 小波包变换

信号分析技术可以解析信号时间与频域之间的联系。小波变换的提出解决了经典分析方法傅里叶变换在时间方面的缺陷。小波变换一般通过提取代表小波和局部信号相互关系的系数作为特征,该系数的计算方式是通过缩放和平移母小波实现的。但小波分解算法仅对近似系数进行了分解,使得高频子带信号频率分辨率低,很难准确提取高频段的故障特征信息。小波包变换是更广泛应用的小波分解方法,它有效地解决了小波变换时频分辨率在高低频分布不均匀的局限性,通过自身信号特点来自动地选择频带范围以及完成频带匹配[2],因此在信号分解、降噪、编码和压缩等方面得到广泛的应用。

采用离散小波包变换将每段振动信号分解成若干个子频带。每一个子频带包含有一系列的小波包系数。相较于连续形式下的小波变换,离散形式的小波包变换能够生成更为紧凑的小波包矩阵,减少运算量和运算时间。

根据分解层数的不同,小波包变换可以将原始振动信号进行不同层数的分解,以便将各个频带内的有效信息分别提取出来做后续的分析。以三层小波包分解为例,其树形结构图如图 3.1 所示。

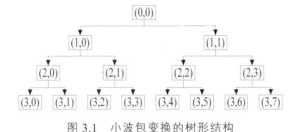

图 3.1　小波包变换的树形结构

4. 小波包能量熵提取

小波包能量熵(Wavelet Packet Energy Entropy,WPEE)的基本思想是通过小波包对振动信号进行分解[3],来获得分解系数和重构系数,从而计算出重构系数特征的能量,然后求出每个节点的能量与总能量的比值,最后得到特征能量比的信息熵,给出振动信号复杂度的评价值。

信息熵计算公式如式（3.30）所示：

$$S_i = -g_i \log_2 g_i \qquad (3.30)$$

其中，S_i 为第 i 个小波包节点的能量熵；g_i 为第 i 个小波包节点的能量比。

3.3.2 集成经验模态分解

在针对故障的振动信号分析中，时频域方法更能全面地显示出故障信号的特征，从时频域来分解信号的主要思路就是将信号分解为多个子信号（即模态分量），通过筛选出有效信息更多的分量来最终重构原信号，经验模态分解就是一种常见的时频域信号分解方法[4]。

1. 本征模态函数

本征模态函数是假设原始信号可以被分解为多个分量，每个分量即为 IMF，且相互独立，一个信号可以分解为若干个 IMF 分量与一个残余项的形式：

$$x(t) = \sum_{i=1}^{n} IMF_i(t) + r_n(t) \qquad (3.31)$$

2. 经验模态分解

EMD 是 Huang 等人提出的一种新的自适应方法，适用于非线性分析和非平稳信号处理。在 EMD 中，一个信号可以分解为多个 IMF 和一个残差，得到的 IMF 分量按高频到低频的顺序排列。其中 IMF 分量的个数是在使用 EMD 进行信号分解时，由数据自身的时间尺度特征来决定的，具有自适应性，不必另外设置参数。EMD 分解首先从信号最高的频率开始，找到信号的所有极值点与上下包络线，计算信号上包络线与下包络线的包络均值，若满足 IMF 定义则生成第一个 IMF。依此类推，得到全部 IMF。

3. 集成经验模态分解

在实际应用中，由于 EMD 存在的固有的模态混叠等问题，限制了其在实际中的应用[5]。因此，Wu 和 Huang 提出了集成经验模态分解[6]，有效抑制 EMD 中的模态混叠，得到的 IMF 分量能够更加真实且客观地反映信号的物理信息。

具体算法过程在以下步骤中定义：

（1）高斯白噪声序列 $n(t)$ 的均值为 0，幅值标准差为定值，将其与原始振动信号 $x(t)$ 叠加，即：

$$x_i(t) = x(t) + n_i(t) \qquad (3.32)$$

其中，白噪声 $n_i(t)$ 的标准差取原始信号 $x(t)$ 标准差的 K 倍，K 的取值为 0.1~0.4。

（2）用 EMD 分解加入高斯白噪声后的振动信号，获得 IMF 分量 $c_j(t)$，$(j=1, 2, \cdots, K)$ 和残差 $s(t)$。

（3）重复步骤（1）和（2），每次加入不同的白噪声序列，即：

$$x_i(t) = \sum_{j=1}^{K} c_{ij}(t) + s_i(t) \tag{3.33}$$

式中：$x_i(t)$ 为第 i 次加入高斯白噪声后的信号，$i=1, 2, \cdots, N$；$c_{ij}(t)$ 为第 i 次加入高斯白噪声后分解得到的第 j 个 IMF 分量；$s_i(t)$ 为第 i 次分解所得残差。

（4）计算分解后的 IMF 和残差的均值，从而消除加入的随机高斯白噪声对真实 IMF 分量的影响，把得到的 IMF 分量 $c_j(t)$ 和残差 $s(t)$ 作为最终结果：

$$c_j(t) = \frac{1}{N} \sum_{i=1}^{N} c_{ij}(t) \tag{3.34}$$

$$s(t) = \frac{1}{N} \sum_{i=1}^{N} s_i(t) \tag{3.35}$$

式中：$c_j(t)$ 为 EEMD 分解后所得的第 j 个 IMF 分量。则原始振动信号最终表示为：

$$x(t) = \sum_{j=1}^{K} c_j(t) + s(t) \tag{3.36}$$

3.3.3 LMD 样本熵

样本熵算法最初被应用于生物信号处理，由于其具有相对一致性的优点，近年来被经常用于机械设备、材料检测等故障诊断领域。在特征提取中，为了达到特征提取的预期效果，经常将样本熵法与其他方法相结合。局域均值分解（Local Mean Decomposition，LMD）方法在 EMD 的基础上，将非平稳信号分解为一系列积性函数（Product Function，PF）分量，它能够根据信号自身实践尺度特征自适应分解，并且能解决 EMD 带来的模态混叠问题[7]。因此，LMD 非常适用于对滚动轴承的特征进行提取。

1. 局部均值分解

局部均值分解方法可以将信号自适应地分解成有限个乘积函数（Product Function，PF），而每个 PF 分量均由一个包络信号和一个纯调频信号相乘求得，并根据包络信号计算出瞬时幅值，而瞬时频率则由纯调频信号计算获得，最终将瞬时幅值和频率组合便得到原信号的时频分布。不同频率成分的 PF 分量一方面可以提高分解精度，另一方面可以直观地从单分量信号局部特性的角度获取其更多的特征信息。

LMD 具体分解步骤如下：

（1）定义输入信号 $x(t)$，找出所有的局部极值点 n_i，计算出相邻两极值点 n_i 和 n_{i+1} 的平均值 m_i，即 $m_i = \frac{n_i + n_{i+1}}{2}$。将所有相邻两个极值点的平均值 m_i 用直线连接，然后采用移动平均方法进行平滑处理，得到局部均值函数 $m_{11}(t)$。

（2）求包络估计值 a_i，方法是用相邻两极值点 n_i 和 n_{i+1} 之差的绝对值再除以 2，即：$a_i = \frac{|n_i - n_{i+1}|}{2}$。同样地，将包络估计值 a_i 用直线连接，然后采用移动平均方法进行平滑处理，得到包络估计函数 $a_{11}(t)$。

（3）将局部均值函数 $m_{11}(t)$ 从原始信号 $x(t)$ 中分离出来，得：

$$h_{11}(t) = x(t) - m_{11}(t) \tag{3.37}$$

再用 $h_{11}(t)$ 除以包络估计函数 $a_{11}(t)$ 以对 $h_{11}(t)$ 进行解调，得：

$$s_{11}(t) = \frac{h_{11}(t)}{a_{11}(t)} \tag{3.38}$$

对 $s_{11}(t)$ 重复上述步骤便能得到 $s_{11}(t)$ 的包络估计函数 $a_{12}(t)$。

理想情况下，$s_{11}(t)$ 是一个纯调频信号，包络估计函数应满足 $a_{12}(t) = 1$。如果 $a_{12}(t)$ 不等于 1，则将 $s_{11}(t)$ 作为原始数据重复以上迭代过程，直至 $s_{1n}(t)$ 为一个纯调频信号，即满足 $-1 \leqslant s_{1n}(t) \leqslant 1$，它的包络估计函数满足 $a_{1(n+1)}(t) = 1$。因此有以下公式：

$$\begin{aligned}
h_{11}(t) &= x(t) - m_{11}(t) \\
h_{12}(t) &= s_{11}(t) - m_{12}(t) \\
&\vdots \\
h_{1n}(t) &= s_{1(n-1)}(t) - m_{1n}(t)
\end{aligned} \tag{3.39}$$

式中：

$$\begin{aligned}
s_{11}(t) &= \frac{h_{11}(t)}{a_{11}(t)} \\
s_{12}(t) &= \frac{h_{12}(t)}{a_{12}(t)} \\
&\vdots \\
s_{1n}(t) &= \frac{h_{1n}(t)}{a_{1n}(t)}
\end{aligned} \tag{3.40}$$

迭代终止条件为：$\lim\limits_{n \to \infty} a_{1n}(t) = 1$。

（4）把迭代过程中产生的所有局域包络估计函把迭代过程中产生的所有局域包络估计函数相乘便可以得到 PF 分量的包络信号(瞬时幅值函数)。

$$a_1(t) = a_{11}(t) = a_{12}(t) \cdots a_{1n}(t) = \prod_{q=1}^{n} a_{1q}(t) \tag{3.41}$$

（5）将包络信号 $a_1(t)$ 和纯调频信号 $s_{1n}(t)$ 相乘便可以得到原始信号的第一个 PF 分量为 $PF_1(t) = a_1(t)s_{1n}(t)$。

第一个 PF 分量包含了原始信号中最高的频率成分，是一个单分量的调幅—调频信号，而包络信号 $a_1(t)$ 就是其瞬时幅值，其瞬时频率 $f_1(t)$ 可由纯调频信号 $s_{1n}(t)$ 求出，即

$$f_1(t) = \frac{1}{2\pi} \frac{\mathrm{d}[\arccos(s_{1n}(t))]}{\mathrm{d}t}。$$

（6）PF 的第一个分量 $PF_1(t)$ 从原始信号中分离出来，得到一个新的信号 $u_1(t)$，把 $u_1(t)$ 作为原始数据，重复上述步骤，循环 k 次，直到 $u_k(t)$ 为一个单调函数为止。

$$u_1(t) = x(t) - PF_1(t)$$
$$u_2(t) = u_1(t) - PF_2(t)$$
$$\vdots$$
$$u_k(t) = u_{k-1}(t) - PF_k(t)$$

（3.42）

经过上述步骤，初始信号 $x(t)$ 被分解为 k 个 PF 分量和 $u_k(t)$（其中 $u_k(t)$ 为残余项）之和，即：

$$x(t) = \sum_{p=1}^{k} PF_P(t) + u_k(t)$$

（3.43）

由以上分析可知，原始时间序列 $x(t)$ 幅频特性可由 PF 分量以及残差组成，没有信息丢失，故可用来对振动信号进行分解。

2. 样本熵

样本熵（SampEn，SE）是 20 世纪末期由著名学者 Richman 和 Moorman 提出的[8]一种度量时间序列复杂性的新方法。在实际工程使用中，样本熵可被用于非稳定信号的分析中。一般来说，样本熵的值越低，序列自我相似性就越高；样本熵的值越大，样本序列就越复杂，即如果信号中产生的新信息的可能性越大，那么信号的熵值也会随之变大。

样本熵的主要计算步骤如下。

（1）假设原始数据为 N 个点，分别为 $x(1), x(2), \cdots, x(N)$。按照时间序列的顺序构造 m 维的向量，即：

$$X_i^m = \{u(i), u(i+1), \cdots\}, 1 \leqslant i \leqslant N - m + 1$$

（3.44）

（2）使向量 $X(i)$ 到向量 $X(j)$ 的空间距离 $d[X(i),(j)]$ 满足限定条件是：向量中互相对应的元素之差绝对值达到最大。即：

$$d[X(i),(j)] = \max_{k \in (0, m-1)} [|x(i+k) - x(j+k)|]$$

（3.45）

式中，$1 \leqslant k \leqslant m-1; 1 \leqslant i, j \leqslant N - m + 1, i \neq j$。

（3）在确定相似容限 $r(r>0)$ 的取值时，对于满足 $d[X(i),(j)] < r$ 条件 i 的数目进行累加求和，并将求和结果除以距离总数 $N - m + 1$，记为 $B_i^m(r)$：

$$B_i^m(r) = \frac{1}{N-m+1} Sam\{d[X(i),(j)] < r\}$$

（3.46）

式中，$1 \leqslant j \leqslant N - m, i \neq j$。

（4）求 $SampEn(m,r) = \lim_{N \to \infty} \{-\ln[B^{m+1}(r) / B^m(r)]\}$ 的平均值：

$$B^m(r) = \frac{1}{N-m} \sum_{i=1}^{N-m} B_i^m(r)$$

（3.47）

（5）将维数加 1，得到 $m+1$ 维向量，重复步骤（1）到步骤（4），获得 $B^{m+1}(r)$。即原始数据的样本熵为：

$$SampEn(m,r) = \lim_{N \to \infty} \{-\ln[B^{m+1}(r)/B^m(r)]\} \qquad (3.48)$$

在实际应用中，参数 m 的取值一般为 1 或者 2；条件阈值 r 的值一般取原始数据标准差的 $0.1 \sim 0.25$ 倍。

3. 基于 LMD 样本熵的算法流程

即便不同种信号之间存在个别 LMD 分量的样本熵与原始信号样本熵的接近，但是不同种信号之间差异仍然可以被区分，所以基于 LMD 样本熵的故障特征提取方法要优于以原始信号样本熵值作为特征的提取方法。LMD 样本熵方法的思想就是将样本熵法应用于 LMD 方法中提取各 PF 分量复杂度，并计算每个 PF 分量的样本熵值。LMD 样本熵的基本计算步骤如下：

（1）利用 LMD 算法对故障信号进行分解，得到各个 PF 分量 $c_1, c_2, \cdots, c_n$，用 $\{c_i\}$ 表示，其中 $1 \leqslant i \leqslant n$，$n$ 为 PF 分量的个数。

（2）计算各个 PF 分量的样本熵：

$$SampEn(m,r,N) = \lim_{N \to \infty} \{-\ln[B^{m+1}(r)/B^m(r)]\} \qquad (3.49)$$

其中，N 为数据长度；m 为模式维数；$B^m(r)$ 和 $B^{m+1}(r)$ 分别为两个序列在相似容限 r 下匹配 m 个点和 $m+1$ 个点的概率。

（3）利用信息熵公式计算每个 PF 分量的信息熵 $H(c_i)$，并设定一个阈值 $H(c_i) \geqslant \gamma$，再根据特征筛选原则确定 PF 分量的保留与剔除，则有：

$$H(c_i) = -\sum_{i=1}^{m} p_l \log_a p_l \qquad (3.50)$$

$$T = [SamEn_1, SamEn_2, \cdots, SamEn_i] \qquad (3.51)$$

式中：p_l 为每一种取值的概率；a 为对数底，可以取任意整数。$H(c_i) \geqslant \gamma$ 保留相关 PF 分量，$H(c_i) < \gamma$ 剔除相关 PF 分量。

（4）将筛选保留下来的 PF 分量组成一个样本熵特征向量：

$$T = [SamEn_1, SamEn_2, \cdots, SamEn_i] \qquad (3.52)$$

式中，$i = 1, 2, \cdots, n$，n 为分解出 PF 分量的个数。

3.4 特征降维与选择

特征选择是从一组特征中挑选出一些最有效的特征，以降低特征空间维数的过程，是模式识别中的关键问题之一。对于模式识别系统，一个好的学习样本是训练分类器的关键，样本中是否含有不相关或冗余信息，将直接影响分类器的性能。因此研究有效的特征选择方法至关重要，通过移除原特征的冗余信息，可以降低维数，增强模型泛化能力，加速模型学习速度，改善模型可靠性，当然也有一些算法并不全部具有以上几个方面优势。本节主要介绍局部线性嵌入（Locally Linear Embedding，LLE）、Fisher 比，在此基础上总结分析特征评价与优选方法。部分其他的特征选择及降维方法在后续章节会有所应用。

3.4.1 局部线性嵌入

在旋转机械智能检测领域，有时为了尽可能反映故障的信息，会使用多个传感器采集大量的特征来反映故障的信息，但是，过量的特征有时会使重要的信息被涵盖。所以，特征降维应运而生，即在特征提取之后，再对信息进行压缩，使数据更有针对性。除此之外，还可以在保留初始数据的原有特征和结构的基础上寻找更加简洁的特征样本数据描述方式，并利于观察特征数据的分布规律以及提高故障类型模式识别的速度和分类器的分类精度等。

LLE 作为一种常用的非线性降维算法，它能够较好地保持降维后的数据，并保持流行结构，故 LLE 在降维时保持了样本的局部特征[9]。LLE 算法认为，每一个数据点都可以由其近邻点的线性加权组合构造得到。假设 $X = [x_1, x_2, \cdots, x_n] \in R^{D \times N}$ 是原始空间的 N 个 D 维样本点，通过 LLE 就是要从高维采样数据中寻找出这些样本点在低维流行空间的嵌入映射结果 $Y_i = \{Y_1^j, Y_2^j, \cdots, Y_i^j, \cdots, Y_N^j\} \in R^{D \times N_d}$，$d < D$，其中代表某种故障类型的样本点个数为 $n_j (j = 1, 2, \cdots, C)$，其中 $n_1 + n_2 + \cdots + n_c = N$。

LLE 算法的基本步骤如下。

（1）选择邻域：找到每个样本点的近邻点。设样本 $X = [X_1, X_2, \cdots, X_N]$，$X$ 是 D 维列向量，然后计算两个样本点之间的欧氏距离：

$$d_{ij} = \|X_i - X_j\| \tag{3.53}$$

（2）计算重构权值矩阵：由每个样本点的近邻点计算出该样本点的局部重建权值矩阵。通过最小化误差函数，计算重构权值矩阵：

$$\varepsilon(W) = \min \sum_{i=1}^{N} \left\| X_i - \sum_{j=1}^{K} \omega_{ij} X_{ij} \right\|^2 \tag{3.54}$$

其中，$X_{ij}(j = 1, \cdots, K)$ 是 X_i 的 K 个近邻点；ω_{ij} 表示 X_i 与 X_j 之间的权值系数，并满足条件：

$$\sum_{j=1}^{K} W_{ij} = 1 \tag{3.55}$$

由上面两式可知：

$$\varepsilon(W) = \min \sum_{i=1}^{N} \left\| \sum_{j=1}^{K} W_{ij}(X_i - X_j) \right\|^2 \tag{3.56}$$

式中，$W_i = [W_{i1}, W_{i2}, \cdots, W_{iK}]^T$ 是第 i 个样本点的局部重构权值矩阵。

（3）获得低维嵌入 Y：通过样本点的局部重构权值矩阵和近邻点计算得到样本点的输出值。由 W 计算低维嵌入 Y，然后构造损失函数：

$$\varphi(Y) = \min \sum_{i=1}^{N} \left\| Y_i - \sum_{j=1}^{K} W_{ij} Y_{ij} \right\|^2 \qquad (3.57)$$

式中，$\varphi(Y)$ 是输出函数，Y_i 为 X_i 的输出向量，即低维表示，$Y_{ij}(j=1,2,\cdots,K)$ 是 Y_i 的 K 个近邻点，且满足下式：

$$\sum_{i=1}^{N} Y_i = 0 \qquad (3.58)$$

$$\frac{I}{N} \sum_{i=1}^{N} Y_i Y_i^T = I \qquad (3.59)$$

式中，I 是一个 $m \times m$ 的单位矩阵；$Y(I-W)(I-W)^T Y^T = YMY^T$ 储存在 $N \times N$ 的稀疏矩阵 W 中。当 X_j 是 X_i 的近邻点时，$W_{ij} = w_{ij}$；否则，$W_{ij} = 0$。当 W_i 表示 W 矩阵第 i 列，I_i 表示 $N \times N$ 单位矩阵的第 i 列，Y 表示输出向量，即 $Y = (Y_1, Y_2, \cdots, Y_N)$，则上式转化为：

$$\min \varphi(Y) = \sum_{i=1}^{N} \left| Y_i - \sum_{j=1}^{k} W_{ij} Y_{ij} \right|^2 = \sum_{i=1}^{N} |YI_i - YW_i|^2 \qquad (3.60)$$

$$Y(I-W)(I-W)^T Y^T = YMY^T \qquad (3.61)$$

其中，Y 取 M 的 d 个最小非 0 特征值所对应的特征向量。将 M 的特征值从小到大排列，一般来说第一个特征值为 0，所以取第 2 个到第（$d+1$）个之间的 d 个特征值，低维嵌入 Y 是通过这些特征值所对应的特征向量组成的矩阵的转置。

具体的算法流程如图 3.2 所示。

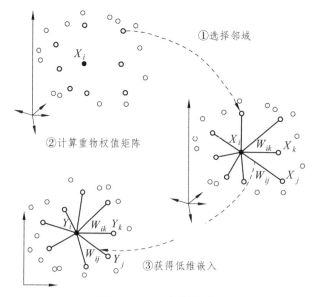

图 3.2　LLE 算法流程

3.4.2　Fisher 比

Fisher 准则可利用特征参数的最优投射方向，寻找特征向量中易分类的维度。其中特征分量的 Fisher 比越大，对识别的贡献就越大。通过 Fisher 判别法可以得到最大类间距离[10]，Fisher 比在其基础上进行了改良，能够很好地消除冗余信息，得到更能反映类别差异的故障信息[11]，其公式如下：

$$F_{(k)} = \frac{S_b^{(k)}}{S_w^{(k)}} \tag{3.62}$$

其中，$F_{(k)}$ 表示第 k 维特征向量的 Fisher 比值，$S_b^{(k)}$ 表示第 k 维特征向量的类间离散度，$S_w^{(k)}$ 表示第 k 维特征向量的类内离散度。类间离散度反映不同尺度特征样本之间差异的程度，而类内离散度反映同一尺度特征样本之间的密集程度。Fisher 比越大，类间离散度越大，类内离散度越小，说明此特征分量的区分效果好，该尺度下的特征向量具有较好的代表性。

设 c 类模型共有 L 个样本，$L = L_1 + L_2 + \cdots + L_c$，即第 c 类模式有 L_c 个样本，则第 c 类模型表示为 $\omega_c = \{x_k^{(c)}, k = 1, 2, \cdots, L_c\}$。则有

$$S_b^{(k)} = \sum_{i=1}^{c} \frac{L_i}{L} (m_k^{(i)} - m_k)^2 \tag{3.63}$$

$$S_w^{(k)} = \frac{1}{L} \sum_{i=1}^{c} \sum_{x \in w_i} (m_k^{(i)} - m_k)^2 \tag{3.64}$$

其中，$m_k^{(i)}$ 表示第 i（$i = 1, 2, \cdots, c$）类模型中所有样本的第 k 维特征的平均值，m_k 表示所有样本的第 k 维特征的平均值。

3.4.3 特征评价与优选方法

能否筛选出能够反映轴承退化信息的故障特征，对实验结果的预测精度有关键影响。不同特征提取方法相融合的方式可以有效整合故障退化信息，但会发生特征冗余的现象，增加预测模型的运行时间。根据轴承性能特点及退化特性，在所提取的特征集中筛选出一个优选特征集，保证该优选特征集与轴承健康因子呈现最大的相关性，可减少各退化特征之间的冗余性[12]。为了达到该目标，可采用特征初筛和复筛相结合的特征筛选方法。

1. 基于特征评价指标的特征筛选方法

基于特征评价指标的筛选方法，其主要目的是剔除与退化过程关联性低的退化特征，根据轴承性能退化的特点及退化属性，拟采用相关性、单调性及鲁棒性作为特征评价指标。通过上述三种特征指标及综合评价指标，来衡量轴承退化趋势和退化特征与时间序列之间的关联程度。

性能退化特征往往呈现不确定性，因此，直接对退化特征评价筛选所得到的评价数据并不准确。采用平滑分析方法处理退化特征，运用平滑分析方法将退化特征分为趋势和随机两部分。

$$\text{fea}(t) = \text{fea}_R(t) + \text{fea}_T(t) \tag{3.65}$$

式中，$\text{fea}(t)$ 为退化特征值；$\text{fea}_R(t)$ 为随机特征部分；$\text{fea}_T(t)$ 为趋势数值部分。

相关性计算公式为：

$$Corr = \frac{\left| \sum_{t=1}^{L} (\text{fea}(t) - \overline{\text{fea}})(t - \bar{t}) \right|}{\sqrt{\sum_{t=1}^{L} (\text{fea}(t) - \overline{\text{fea}})^2 \sum_{t=1}^{L} (t - \bar{t})^2}} \tag{3.66}$$

式中，$T = (t_1, t_2, \cdots, t_L)$ 是对应监测时刻序列；L 为整个性能退化过程中的总监测次数；$\overline{\text{fea}}$ 和 $\bar{t}$ 为退化特征和时间序列的均值。

根据相关性公式计算监测时间与退化特征之间的相关性，其指标取值区间为[0，1]。退化特征与监测时间的相关性值越大，代表相关程度越高，更能反映滚动轴承故障退化特性。

单调性计算公式为：

$$Mon = \left| \frac{\sum_{t=1}^{L} diff(\text{fea}) - \sum_{t=1}^{L} -diff(\text{fea})}{L - 1} \right| \tag{3.67}$$

其中，$T = (t_1, t_2, \cdots, t_L)$ 是对应监测时刻序列；L 为整个性能退化过程中的总监测次数；$diff(\text{fea})$ 为连续两个特征之间的差值。

单调性的评价指标取值区间为[0，1]。单调性描述信号增长或减少的趋势性变化，故障特征的单调性指标越大，轴承性能越明显呈现出单调趋势的退化，表明滚动轴承的性能退化持续加剧。

鲁棒性计算公式为：

$$Rob = \frac{1}{L} \sum_{t=1}^{L} \exp\left(-\left| \frac{\text{fea}_T(t)}{\text{fea}(t)} \right| \right) \tag{3.68}$$

单调性、相关性和鲁棒性均与候选特征的数值呈正相关，评价指标越高代表所提取的退化指标越好。为了兼顾多项特征评价指标，获得最优的退化特征，可以构建综合目标优化函数解决综合目标关联问题。

采用平滑趋势分析三个指标后，得到综合优化函数线性组合式为：

$$\begin{cases} \max Cri = \omega_1 Corr(fea) + \omega_2 Mon(fea) + \omega_3 Rob(fea) \\ s.t. \omega_i \geq 0, \sum_i \omega_i = 1 \end{cases} \tag{3.69}$$

其中，Cri 为综合目标优化函数；$\omega_i (i = 1, 2, 3)$ 为评价指标系数。

单调性、相关性和鲁棒性均与综合目标优化函数呈正相关，且 Cri 的取值区间为[0，1]，退化特征值的 Cri 越高，则表明该退化特征越能反映轴承的退化信息。设定系数向量 $(\omega_1, \omega_2, \omega_3) = (0.2, 0.5, 0.3)$，即赋值单调性的权重为 0.5，相关性的权重为 0.2，鲁棒性的权重为 0.3。

2. 基于层次聚类和互信息的特征复筛

特征初选保留了与故障过程相敏感的特征集，敏感特征集中常伴随着冗余特征。冗余特征不仅会降低后续寿命预测算法的学习效率，而且会对后续特征融合和模型的可解释性造成影响。本小节对初选特征集进行复筛，降低特征的冗余性。在特征优选环节中，首先采用层次凝聚聚类法设置聚类阈值、确定聚类个数，将具备较强相关性和依赖性的故障特征分配至同一簇集中，然后使用互信息优选各簇集中的特征，以达到去除冗余特征的目的。

层次聚类作为一种无监督聚类模型，该模型从多层次角度对故障特征集归类，呈树状结构划分聚类结果，故障特征集的划分可使用由上而下的拆分模式。其主要优点为：

（1）通过设置不同的相关参数值，得到不同粒度上的多层次聚类结构。

（2）对于不同的聚类形式，层次聚类通用于不同形式的聚类，并且信息输入的顺序不影响聚类结果。

（3）在不指定聚类个数的情况下，通过调整阈值直接得到聚类结果。

层次凝聚聚类算法步骤如表 3.1 所示。

表 3.1　层次凝聚聚类算法执行步骤

算法名称	算法执行步骤
层次凝聚聚类 算法	步骤一：初始退化特征均假定为初始聚类簇；
	步骤二：计算类类之间的距离，c1 和 c2 表示类类距离最小的两类；
	步骤三：将 c1 和 c2 合并；
	步骤四：重复步骤二和步骤三，聚类簇个数到达设定值时循环停止。

根据层次凝聚聚类算法的定义，在层次聚类后，分配至各簇中的退化特征彼此具有较高关联度，各退化特征之间呈现冗余性，优选出的簇内的特征包含的信息量最多且最具代表性，具体每类簇中的特征的信息量大小由互信息确定。

假定轴承原始振动信号经过初筛特征后保留的敏感故障特征为 n 个，并定义初筛后的敏感故障特征子集为 $F = \{f_1, f_2, \cdots, f_n\}$。通过层次凝聚聚类法，获取故障特征集的簇 $\{C_1, C_2, \cdots, C_n\}$，其中，簇与簇之间的故障敏感特征互不相交，且 $C_n \subset F$。

根据熵值的物理含义，故障特征 $H(f_i)$ 为所在簇中的不确定度，表达式为：

$$H(f_i) = -\sum_{f_i} p(f_i) \ln p(f_i) \tag{3.70}$$

在同一簇集中的两个特征 f_1 和 f_2，特征 f_2 的熵相对 f_1 在簇集中的不确定度可以由公式（3.71）表示为：

$$H(f_1 \mid f_2) = -\sum_{f_1} p(f_1) \sum_{f_2} p(f_1 \mid f_2) \ln p(f_1 \mid f_2) \tag{3.71}$$

互信息可理解为两特征之间的互信息：

$$I(f_1; f_2) = H(f_1) - H(f_1 \mid f_2) = I(f_2; f_1) \tag{3.72}$$

根据公式（3.72）可看出，两个特征之间的互信息可表示为特征 $H(f_1)$ 的熵与 $H(f_1 \mid f_2)$ 熵之间的差值。同样的，互信息的物理意义为特征 f_1 的贡献量与特征 f_2 的不确定性的减少量，同时也表示两个特征之间的信息依赖程度。

为了从每个簇中优选出特征，剔除冗余特征，需要计算出每个特征在所在簇集 C_K 中熵值的大小。为了最终获取与集合 C_K 呈最大相关性的特征，可定义各特征平均互信息量对其所属簇集 C_K 的信息期望值，即特征 f_1 对簇集 $C_K(f \subset C_K)$ 的平均互信息期望值，就是该特征 f_1 与特征集合 $\{C_K - \{f_i\}\}$ 间互信息的均值大小。

簇集 C_K 中各特征的平均互信息期望值可表示为：

$$\mathrm{Re}l(f_i) = \frac{1}{n} \sum_{i=1} I(f_1; f_2) \tag{3.73}$$

从簇中选择最大的平均互信息期望值对应的特征作为该类簇集的优选特征：

$$f_K = \arg\max\{\mathrm{Re}l(f_i)\} \qquad (1 \leqslant i \leqslant K) \tag{3.74}$$

所获取的 f_K 表示的是簇 C_K 中信息期望值最大的特征，也是该簇集所优选的特征。各个簇集优选特征组成的特征集合表示为该轴承的优选特征集。

3.5 基于深度学习的特征提取方法

3.5.1 深度降噪自编码网络

在深度学习中，自编码器（Auto-Encoding，AE）是一种无监督的神经网络模型，它在学习输入数据的隐含特征的同时，还可以用学习到的新特征重构原始输入数据。AE 在将数据特征降维后，其学习到的新特征可以输入有监督学习模型中，故而可以直接使用 AE 作为特征提取方法。

AE 是一种典型的单隐层神经网络[12]，它以无监督的方式学习参数并提取特征，使输入和输出保持一致性，从输入到隐含层和从隐含层到输出的过程分别称为编码和解码，AE 的网络结构如图 3.3 所示。

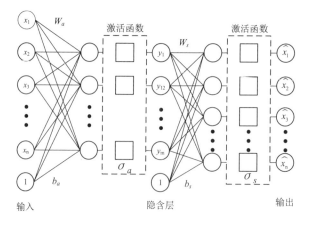

图 3.3 AE 网络结构图

自编码器通过全连接方式将输入信号加权求和，然后通过偏置矩阵与激活函数获得隐含层，再由隐含层以同样的相同方式输入到输出层中，最后设置目标函数（一般为输入、输出层最小偏差），以得到最优目标函数为目的来优化权值和偏置。自编码器的公式如下：

$$Y = \sigma_a(W_a \cdot X + b_a) \tag{3.75}$$

$$\hat{X} = \sigma_s(W_s \cdot Y + b_s) \tag{3.76}$$

$$\min_\theta L(\theta) = \left\| \hat{X} - X \right\|_2^2 ; \theta = [W_a, b_a; W_s, b_s] \tag{3.77}$$

式（3.75）~式（3.77）中：$X = (x_1, x_2, \cdots, x_n)$、$\hat{X} = (\hat{x}_1, \hat{x}_2, \cdots, \hat{x}_n)$、$Y = (y_1, y_2, \cdots, y_n)$ 分别为输入、输出和隐含层神经元的值；$W_a \in R^{n \times m}$、$W_s \in R^{m \times n}$、$b_a \in R^m$、$b_s \in R^n$ 为连接层之间的权值和偏置；$\sigma_a(\bullet)$、$\sigma_s(\bullet)$ 为激活函数。

一般而言，自编码器采用反向传播算法优化调整网络的权值和偏置，自编码器利用算法对权值和偏置进行更新后可使输出的样本更加接近输入样本，然后提取出更具样本表征的抽象特征[14]。与一些无监督学习算法相比，AE 不仅能降低提取的特征维度，还保存了更多的信息表示度，它不再是简单的"优胜劣汰"，而是综合利用各种特征信息。因此，在 AE 的基础上进行数据降维和特征提取，可以更有效地实现故障分类和回归任务。自编码器的基本工作原理是接收原始信号并自动执行特征提取任务[15]，目前，自编码器已成为故障诊断领域的一个热点。

1. 降噪自编码器

DAE 在自编码器的基础上进行了改进，它在编码过程中以随机置零神经元的方式添加噪声后再进行后续的解码，通过这样的方式来增强网络泛化能力，并降低噪声影响[17]。DAE 的网络结构如图 3.4 所示。

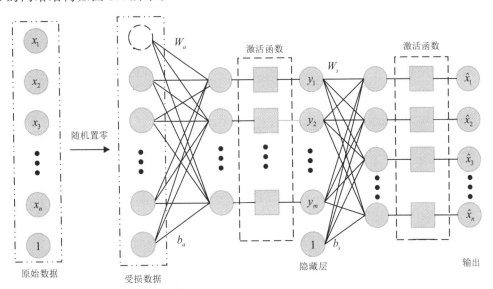

图 3.4 DAE 网络结构图

DAE 网络结构中输入层、输出层的节点数相同，但隐含层节点数少于输入层，降噪自编码器的公式为：

$$h = f(W^{(1)}\tilde{x} + b^{(1)}) \tag{3.78}$$

$$\hat{x} = f(W^{(2)}h + b^{(2)}) \tag{3.79}$$

式中，$f(x) = \dfrac{1}{1+e^{-x}}$；$W^{(1)}$ 为编码时的权重，$W^{(2)}$ 为解码时的权重；$b^{(1)}$ 为输入层的偏置，$b^{(2)}$ 为隐含层的偏置。最终 DAE 的输出 $\hat{x}$ 可表示为：

$$\hat{x} = h_{W,b}(\tilde{x}) = f(W^{(2)}f(W^{(1)}\tilde{x} + b^{(1)}) + b^{(2)}) \tag{3.80}$$

式中，$h_{W,b}(\bullet)$ 为输入数据的重构函数。

对于含有多个样本的样本集，为了使输出逼近原始数据，DAE 的目标函数一般表示为：

$$J(w,b;x) = \frac{1}{m}\sum_{i=1}^{m}\left\| h_{w,b}(\tilde{x}_i) - x_i \right\|^2 \tag{3.81}$$

此外，为避免网络训练过拟合，提高网络的泛化性，还可以对 DAE 的学习参数设置正则化约束项，如使用 L_2 正则化约束，则目标函数可改写为：

$$L(w,b;x) = J(w,b;x) + \frac{\lambda}{2}\left\| \theta \right\|^2 \tag{3.82}$$

其中，$\theta = \{W,b\}$；W 为两连接层间的权重；b 为各层的偏置；λ 则用于度量数据重构程度和正则化约束之间的权重。

2. 堆栈降噪自编码器

SDAE 网络是由多个 DAE 堆栈组成的深度神经网络[18]，因此其结构也与 DAE 有很多相似，其主要目的也是将数据进行压缩重构，然后将重构特征输入到后续的分类模型或回归模型中，且 SDAE 也存在去噪特性，故而可以提高预测模型的准确度和鲁棒性[20]。SDAE 的网络结构如图 3.5 所示。

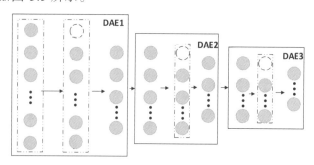

图 3.5　SDAE 网络结构图

一般地，SDAE 网络需进行逐层训练和微调才能被训练成更加符合目标函数的网络。即利用原始样本开始训练 SDAE 网络的首层，训练出合适首层网络的超参数，再将首层的输出作为下一层的输入，往后各层再依照这个规律将前层的输出作为后层输入，同时以同样的方式训练好下一层的超参数，各层训练超参数的方法也相同，最终训练得到一个完整的训练好的 SDAE 网络[21]。此外，在训练某一层超参数时，其他各层超参数为固定值，并且逐层训练后的网络也需利用样本数据和标签对整个网络进行有监督的微调，该过程可表示为：

$$\begin{cases} W_{ij}^{(l)} = W_{ij}^{(l)} - \alpha \dfrac{\partial}{\partial W_{ij}^{(l)}} L(w,b;x) \\ b_i^{(l)} = b_i^{(l)} - \alpha \dfrac{\partial}{\partial b_i^{(l)}} L(w,b;x) \end{cases} \quad (3.83)$$

式中，α 为学习速率。当目标函数达到一定阈值时则表示整体网络已训练完成，训练后的 SDAE 网络不仅学习了数据之间分布关系，还保留了数据之间的时间相关性特征，但隐含层数大于 3 层时，网络的训练时间变长而重构误差又没有显著下降，因此一般选用 3 个隐含层。

3.5.2　卷积神经网络

卷积神经网络中，卷积层是 CNN 的核心构造块，它能够从输入的时间序列数据中自动提取特征。然而，卷积层中没有循环层，不能将输出反馈给输入，这意味着信息只能在 CNN 中传播。相应地，CNN 只考虑每个时间点的当前输入信息，忽略了先前的退化信息。特别是现有的基于 CNN 的滚动轴承 RUL 预测方法因无法解决这一问题，而降低了其预测精度和泛化能力[22]。

循环卷积层的输出不仅取决于当前输入，而且还取决于所有过去所输入的信息。这使得循环卷积层能够充分利用来自输入时间序列数据的信息，并对不同退化状态的时间序列进行建模。公式上，对于第 i 个循环卷积层，x_t^i 在时间 t 的状态可以表示为：

$$x_t^i = f(x_t^{i-1}, h_{t-1}^i) \quad (3.84)$$

其中，$f(\bullet)$ 是非线性激活函数；x_t^{i-1} 是输入的时间序列传感器数据；h_{t-1}^i 是循环卷积在时间步长为 $t-1$ 时反馈的存储状态。

在实际应用中，循环卷积层在训练过程中经常遇到梯度消失或爆炸的问题。为了减轻梯度消失和梯度爆炸的影响并考虑数据间的时间依赖性，在循环卷积层中引入了选通机制[23]。

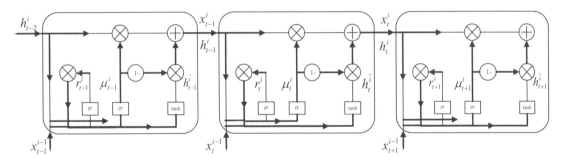

图 3.6　循环卷积层门控机制

如图 3.6 所示，在循环卷积层中有两个门，即重置门 r_t^i 和更新门 u_t^i，其表达式为：

$$r_t^i = \sigma(K_r^i * x_t^{i-1} + W_r^i * h_{t-1}^i + b_r^i) \qquad (3.85)$$

$$u_t^i = \sigma(K_u^i * x_t^{i-1} + W_u^i * h_{t-1}^i + b_u^i) \qquad (3.86)$$

其中，$\sigma(\bullet)$ 是 Logistic Sigmoid 函数；* 为卷积运算符；K_r^i，W_r^i，K_u^i 和 W_u^i 为卷积核；b_r^i 和 b_u^i 是偏差项。在每一个时间步长 t，选通循环卷积层 x_t^i 可表示为

$$x_t^i = u_t^i \circ h_{t-1}^i + (1 - u_t^i) \circ \tilde{h}_t^i \qquad (3.87)$$

$$\tilde{h}_t^i = \tanh(K_h^i * x_t^{i-1} + W_h^i * (r_t^i \circ h_{t-1}^i) + b_h^i) \qquad (3.88)$$

其中，$\circ$ 表示哈达玛积；$\tilde{h}_t^i$ 表示新生成状态；$\tanh(\bullet)$ 是 tanh 激活函数；K_h^i 和 W_h^i 为卷积核；b_h^i 是偏差项。根据式（3.87）可得，在时间步长 t 时的 x_t^i 是先前状态 h_{t-1}^i 和当前候选项 $\tilde{h}_t^i$ 的线性组合，并且由重置门和更新门控制。

此外，卷积核大小的选择是关键。这是因为不同尺寸的卷积核能够从不同的时间通道上提取信息[24]。具体来说，对于全局的特征信息，选取大卷积核，而对于局部的特征信息，选取小卷积核。

并行多通道卷积单元结构如图 3.7 所示。首先，将 1 节点的退化特征 Z_1 通过卷积通道 1，网络输出时序特征 F_1；然后，将第 2 节点的退化信息 Z_2 通过卷积通道 2，网络输出时序特征 F_2；接着，依次导入数据，直至迭代至第 t 节点的退化特征 F_t；最后，将卷积通道的输出特征 $F_1 \sim F_t$ 衔接为一个能够表征故障退化信息的时序特征，并作为循环卷积层模型的输入。

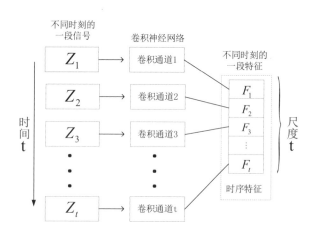

图 3.7　并行多通道卷积单元

3.5.3　长短期记忆神经网络

长短期记忆网络是对循环神经网络的一种改进，在实际训练过程中可以有效解决梯度消失或爆炸的问题并获取数据间的时间依赖性[25]。传统 LSTM 网络结构如图 3.8 所示。

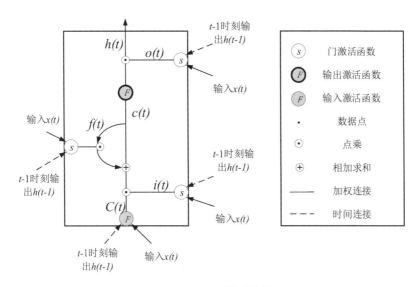

图 3.8　LSTM 模型结构

LSTM 的输入门 i_t 公式为：

$$i_t = \sigma(W_{xi}x_t + W_{hi}h_{t-1} + b_i) \qquad (3.89)$$

其中，$\sigma(x)=1/(1+e^x)$ 表示激活函数；W_{xi} 表示 t 时刻下输入层与隐藏层之间输入门的卷积核；x_t 表示 t 时刻的输入；W_{hi} 表示 $t-1$ 时刻下输入层与隐藏层之间输入门的卷积核；h_{t-1} 为 $t-1$ 时刻的输出；b_i 为偏差项。

LSTM 的遗忘门 f_t 公式为：

$$f_t = \sigma(W_{xf}x_t + W_{hf}h_{t-1} + b_f) \qquad (3.90)$$

其中，$\sigma(x)=1/(1+e^x)$ 表示激活函数；W_{xf} 表示 t 时刻下输入层与隐藏层之间遗忘门的卷积核；x_t 表示 t 时刻的输入；W_{hf} 表示 $t-1$ 时刻下输入层与隐藏层之间遗忘门的卷积核；h_{t-1} 为 $t-1$ 时刻的输出；b_f 为偏差项。

LSTM 的输出门 o_t 公式为：

$$o_t = \sigma(W_{xo}x_t + W_{ho}h_{t-1} + b_o) \qquad (3.91)$$

其中，$\sigma(x)=1/(1+e^x)$ 表示激活函数；W_{xo} 表示 t 时刻下输入层与隐藏层之间输出门的卷积核；x_t 表示 t 时刻的输入；W_{ho} 表示 $t-1$ 时刻下输入层与隐藏层之间输出门的卷积核；h_{t-1} 为 $t-1$ 时刻的输出；b_o 为偏差项。

LSTM 细胞态 c_t 公式为：

$$c_t = f_t \otimes c_{t-1} + i_t \otimes \hat{c}_t \qquad (3.92)$$

$$\hat{c}_t = \tanh(W_{xc}x_t + W_{hc}h_{t-1} + b_c) \qquad (3.93)$$

其中，c_{t-1} 为上一时刻细胞态的信息；W_{xc} 表示 t 时刻下输入层与隐藏层之间输出门的记忆单元；x_t 表示 t 时刻的输入；W_{hc} 表示 $t-1$ 时刻下输入层与隐藏层之间输出门的记忆单元；h_{t-1} 为 $t-1$ 时刻的输出；b_c 为偏差项。

LSTM 的输出 h_t 公式为：

$$h_t = o_t \circ \tanh(c_t) \tag{3.94}$$

本章参考文献

[1]　周建民，黎慧，张龙，等. 基于 EMD 和逻辑回归的轴承性能退化评估[J]. 机械设计与研究，2016，32（5）：72-75+79.

[2]　Richman J S, Moorman J R. Physiological time-series analysis using approximate entropy and sample entropy[J]. American Journal of Physiology-Heart and Circulatory Physiology, 2000, 278(6): H2039-H2049.

[3]　张智，刘成颖，刘辛军，等.采用小波包能量熵的铣削振动状态分析方法研究[J]. 机械工程学报，2018，54（21）：57-62.

[4]　Zhou J M, Guo H J, Zhang L, et al. Bearing performance degradation assessment using lifting wavelet packet symbolic entropy and SVDD[J]. Shock and Vibration, 2016, 2016.

[5]　黎慧. 基于 EMD 和逻辑回归的轴承性能退化评估与剩余寿命预测[D]. 南昌：华东交通大学，2017.

[6]　Wu Z H, Huang N E. Ensemble empirical mode decomposition: A nosie-assisted data analysis method[J]. Advances in Adaptive Data Analysis, 2009, 1(1): 1-41.

[7]　侯高雁，吕勇，肖涵. 基于 LMD 的多尺度形态学在齿轮故障诊断中的应用[J]. 振动与冲击，2014，33（19）：69-73.

[8]　Richman J S, Moorman J R. Physiological time-series analysis using approximate entropy and sample entropy[J]. American Journal of Physiology Heart & Circulatory Physiology, 2000, 278: 2039-2049.

[9]　尹文豪. 基于融合概率建模与边界距离的滚动轴承性能退化评估[D]. 南昌：华东交通大学，2021.

[10]　王晓华，屈雷，张超，等. 基于 Fisher 比的 Bark 小波包变换的语音特征提取算法[J]. 西安工程大学学报，2016，30（04）：452-457.

[11]　Chen L J, Mao X, Ishizuka M. Multi-Level speech emotion recognition based on fisher criterion and SVM[J]. Pattern Recognition & Artificial Intelligence, 2012, 25(4): 604-609.

[12]　王发令. 轴承性能退化评估的特征评价及模型构建[D]. 南昌：华东交通大学，2020.

[13]　Pascal V, Hugo L, Isabelle L, et al. Stacked denoising autoencoders: learning useful representations in a deep network with a local denoising criterion[J]. Journal of Machine Learning Research, 2010, 11(12): 3371-3408.

[14]　Salah R, Pascal V, Xavier M, et al. Contractive auto-encoders: explicit invariance during feature extraction[C]//Proceedings of the 28th International Conference on Machine Learning. Bellevue: Omni-press, 2011: 833-840.

[15]　Yang Z, Xu B, Luo W, et al. Autoencoder-based Representation Learning and Its Application in Intelligent Fault Diagnosis: A Review[J]. Measurement, 2022(189):

110460.

[16] 吴春志，冯辅周，吴守军，等.深度学习在旋转机械设备故障诊断中的应用研究综述[J].噪声与振动控制，2019，39（05）：1-7.

[17] 崔广新，李殿奎.基于自编码算法的深度学习综述[J].计算机系统应用，2018，27（09）：47-51.

[18] 张西宁，向宙，夏心锐，等.堆叠自编码网络性能优化及其在滚动轴承故障诊断中的应用[J].西安交通大学学报，2018，52（10）：49-56+87.

[19] Pei Z Y, Jiang H K, Li X, et al. Data augmentation for rolling bearing fault diagnosis using an enhanced few-shot Wasserstein auto-encoder with meta-learning[J]. Measurement Science and Technology, 2021, 32(8): 22.

[20] 陈海燕，杜婧涵，张魏宁.基于深度降噪自编码网络的监测数据修复方法[J].系统工程与电子技术，2018，40（02）：435-440.

[21] 袁宪锋，颜子琛，周风余，等.SSAE和IGWO-SVM的滚动轴承故障诊断[J].振动.测试与诊断，2020，40（02）：405-413+424.

[22] Zhou J M, Gao S, Li J H, et al. Bearing life prediction method based on parallel multichannel recurrent Convolutional Neural Network[J]. Shock and Vibration, 2021.

[23] Fu Q, Wang H W. A novel deep learning system with data augmentation for machine fault diagnosis from vibration signals[J]. Applied Sciences, 2020, 10(17): 5765.

[24] Szegedy C, Liu W, Jia Y, et al. Going deeper with convolutions[C]// Proceedings of the 2015 IEEE conference on computer vision and pattern recognition. 2015: 1-9.

[25] 周建民，高森，李家辉，等.基于卷积注意力长短时记忆网络的轴承寿命预测方法[J/OL].控制理论与应用，2022：1-8.

【第4章】 >>>>
基于时频图像与卷积神经网络的滚动轴承故障诊断方法

4.1 引　言

时间序列数据是原始数据的常用表示类型之一，在滚动轴承故障诊断中，一般是基于时间序列分析来处理振动信号，从而进行分类研究[1]。然而，时间序列振动信号数据存在噪声强和模型提取特征不完全等问题。针对深度卷积神经网络对一维振动数据的细微特征值提取不明显的问题，本章采用振动数据转图像数据的预处理方法[4]，使用连续小波变换将振动信号转换为二维时频图，再结合深度卷积神经网络进行滚动轴承故障诊断。

4.2　基于时频图像与 VGGNet 的滚动轴承故障诊断方法

本节介绍使用 CWT 将轴承振动信号转换的二维时频图像输入到基于视觉几何组（Visual Geometry Group Networks，VGGNet）的 CNN 模型中训练；再将所提方法应用于千鹏故障诊断实验台采集的轴承振动信号数据集，验证所提方法的有效性。通过实验验证与 AlexNet 和 GoogleNet 网络的对比，证明 VGGNet16 网络的优越性[6]。

4.2.1　CWT 时频图转换

1. CWT 时频图像转换原理

CWT 时频图是一种使用 CWT 获得信号能量密度的时频表示，在本章介绍的实验研究中，转化的时频图用作所有模型训练的输入数据。CWT 将原始信号分解为由缩放和转换操作表示的时间尺度，因为 Morlet 小波的形状类似于机器故障中发生的脉冲特征，所以采用 Morlet 小波作为母小波。

对于给定的信号 $x(t)$，将 $x(t)$ 与 Morlet 小波进行尺度变换后得到 CWT，如式（4.1）所示：

$$W_{\psi}(a,b) = \int_{\infty}^{-\infty} x(t) \cdot \psi_{a,b}(t) \mathrm{d}t \tag{4.1}$$

这里的参数"a"和"b"为实数，是小波的尺度和平移。通过从母小波 $\psi(t)$ 生成子

小波 $\psi_{a,b}(t)$，如式（4.2）所示，在有限的空间内，可以提取更多的时频信息。

$$\psi_{a,b}(t) = \frac{1}{\sqrt{a}}\psi\left(\frac{t-b}{a}\right) \tag{4.2}$$

生成的时频图中的颜色显示 CWT 系数的绝对值，颜色亮区域意味着 CWT 系数的较高值部分，在这点上，其信号与小波非常相似；颜色暗的区域意味着 CWT 系数的较低值部分，这表明小波的相应时间和尺度与原信号不同。因为多通道包含更多的信息，时间-频率图像的红-绿-蓝（RGB）（3 通道）表示优于灰度（1 通道）图像，所以，本节采用 CWT 生成 RGB 时频图。

2. 时频图像数据集生成

本节介绍 CWT 时频图像数据集生成的方法，主要分为以下三步：滑动窗口截取信号段；利用 CWT 时频图生成；图像集的批量化处理。

（1）滑动窗口截取信号段。

在一维振动信号中，首先要对其进行截取，而在截取过程中，一般采用滑动窗口进行截取。具体流程是对从不同状态的滚动轴承中采集到的振动信号，采用一个长度为 512 个点的时间窗截取一段信号转换为图像数据，以 256 个数据点的步长移动时间窗重叠截取。滑动窗口截取信号转换时频图如图 4.1 所示。

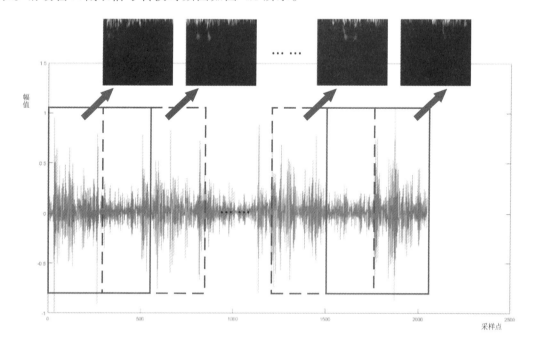

图 4.1 滑动窗口截取信号转换时频图

（2）CWT 时频图生成。

选取截取的振动信号数据，长度为 512 个数据点，采用 morlet 小波基函数进行 CWT 生成时频图。选取正常数据和 6 种故障数据转换的时频图如图 4.2 所示。

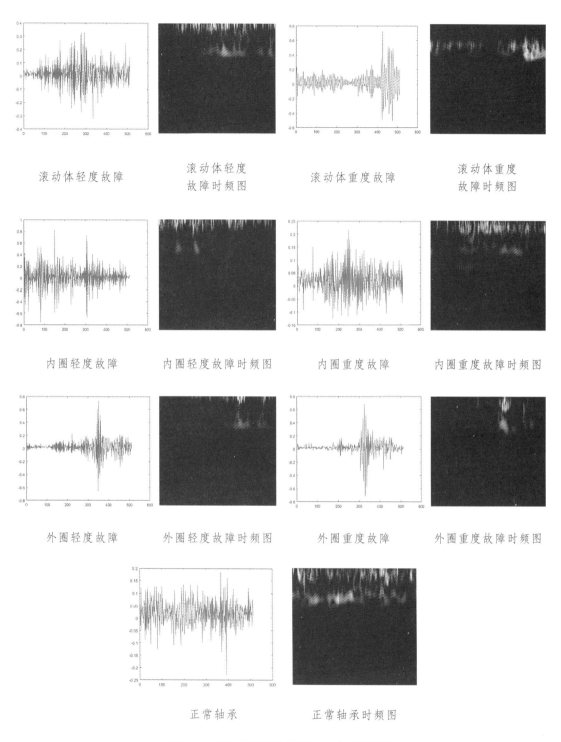

滚动体轻度故障　　滚动体轻度　　滚动体重度故障　　滚动体重度
故障时频图　　　　　　　　　故障时频图

内圈轻度故障　　内圈轻度故障时频图　　内圈重度故障　　内圈重度故障时频图

外圈轻度故障　　外圈轻度故障时频图　　外圈重度故障　　外圈重度故障时频图

正常轴承　　　　　正常轴承时频图

图 4.2　7 种状态振动信号和对应的时频图

（3）图像集的批量化处理。

在深度卷积网络的参数更新中，梯度下降方向是由各数据集的平均梯度方向决定的。如果样本量很大，用平均梯度法求解全部样本会使训练时间太长，还会造成电脑内存溢出。如果随机选择一种样本，则其梯度下降方向为全部样本的下降方向；如果这个样本不能很好地描述全局，那么会延长寻找最优解的时间；如果所选的采样恰好为"坏值"（如测量误差值），则会造成梯度的更新方向不对，浪费更多的时间。

因此，可以通过"批量"的方式来解决这个问题。它的基本思路是，把全部的样本集划分成几批，每批都含有同样的数据，在一批数据中进行训练，梯度下降方向根据所有批的数据集的平均梯度来确定。一方面，通过批量化处理，可以保证网络的梯度向最低处降低；另一方面，批量化处理减少了一次迭代所需要的时间，加快了网络的收敛性，也可以减少运算量，避免内存溢出。

4.2.2 基于 VGGNet16 模型的滚动轴承故障诊断

1. CNN 组成结构

CNN[9]是一种常见的深度学习算法，它具有深度特征提取结构，能够对输入的特征进行深层次的挖掘。它的网络结构通常包括卷积层、激活层、池化层和全连接层，其中，特征提取部分包括卷积层和池化层，全连接层即为分类层，其输入是池化层的输出，将各类的输入特征映射到 0~1 的概率空间，以进行数据特征的分类。本节以二维 CNN 为基础，通过卷积块构建 16 层的 VGGNet 网络，对滚动轴承故障 CWT 时频图像集进行分析。

2. VGGNet16 模型介绍

牛津大学的知名研究团队于 2014 年提出了一种基于 CNN 的 VGGNet，该模型采用 3*3 的小型卷积核和 2*2 的最大池化层，构建 16~19 层的 CNN。VGGNet 都是 3*3 的卷积核与 2*2 的池化核，随着网络层数的加深，性能得到了进一步的改善。

因为主要的参数都集中在最后三层——全连接层，所以增加层数并不会引起模型参数急剧增长。在 CNN 中，定义了某一层输出结果中一个元素所对应的输入层的区域大小，称为"感受野（receptive field）"，如图 4.3 所示。可以理解为输出特征图上的一个单元对应输入层上的区域大小。2 个 3*3 的卷积层的感受野相当于 1 个 5*5 的卷积层，3 个 3*3 的卷积层的感受野相当于 1 个 7*7 的卷积层，而 3 个 3*3 的卷积层的参数，仅为 1 个 7*7 的卷积层参数的一半，3 个 3*3 的卷积层有 3 个非线性变换运算，而 1 个 7*7

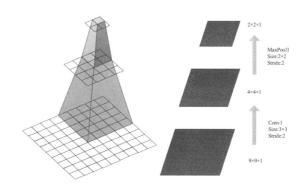

图 4.3　感受野

的卷积层只有 1 个非线性变换运算，因此，3 个 3*3 的卷积层参数的特征学习能力较好。在 VGGNet 网络中，用多个 3*3 的卷积核取代了大尺寸的卷积核（降低了要求的参数），即用 2 个 3*3 的卷积核取代了 5*5 的卷积核，用 3 个 3*3 的卷积核取代了 7*7 的卷积核，而且它们拥有相同的感受野。

感受野计算公式为：

$$F(i) = (F(i+1)-1) \times Stride(i) + K_{size} \tag{4.3}$$

其中，$F(i)$ 为第 i 层感受野；$Stride(i)$ 为第 i 层的步距；K_{size} 为卷积核或采样核尺寸。

使用 7*7 卷积核所需参数，与堆叠 3 个 3*3 卷积核所需参数（假设输入输出 channel 为 C）：

$$7 \times 7 \times C \times C = 49C^2 \tag{4.4}$$
$$3 \times 3 \times C \times C + 3 \times 3 \times C \times C + 3 \times 3 \times C \times C = 27C^2$$

由式（4.4）可以看出，使用 3 个 3*3 卷积核比 1 个 7*7 卷积核所需参数少，而且 3 个 3*3 的卷积层比一个 7*7 的卷积层的非线性变换运算多，所以 3 个 3*3 的卷积层参数具有较好特征学习能力。

3. VGGNet16 模型故障诊断方法

基于 VGGNet16 模型的滚动轴承智能诊断网络结构框图如图 4.4 所示。针对采集的振动信号数据，采用振动信号图像化的方法，将一维的振动信号数据转化为二维的时频图像数据，将图像数据集输入到 VGGNet16 网络中。为了解决深层网络训练过程中过拟合的问题，在反向传播过程中，加入 Dropout（Dropout 是一种用于训练深度神经网络的技巧），其反向传播结构如图 4.5 所示。在每一批训练中，按一定概率将隐含层节点设为 0，从而解决了过拟合问题，也能降低隐含层节点之间的交互作用。可通俗理解为：当反向传播时，让某个神经元的激活值以给定的概率 p 来随机停止反向传播，从而增强了模型的泛化能力。

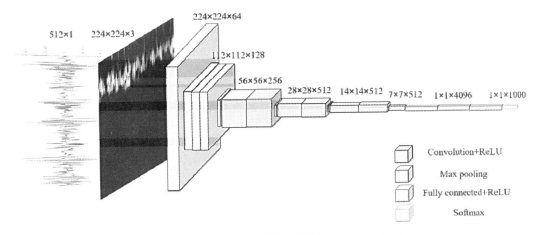

图 4.4 VGGNet16 轴承智能诊断网络结构框图

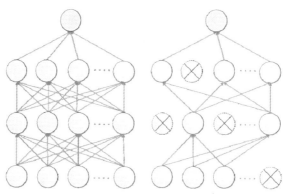

图 4.5　Dropout 反向传播结构

VGGNet16 由 5 层卷积层、3 层全连接层、Softmax 输出层组成，每层之间用最大池化层（max-pooling）分开，所有隐含层的激活单元都采用 Relu 激活函数。

对 VGGNet16 网络全连接层的 1000 个输出，利用 Softmax 对故障图像数据集进行分类，针对 K 分类问题，Softmax 分类公式如式（4.5）所示：

$$p(y = j | x) = \frac{\exp(x_j)}{\sum_{i=1}^{K} \exp(x_i)} \tag{4.5}$$

其中，p 为分类的 K 维中每一维的概率；x 是 VGGNet 网络全连接层的输出到 Softmax 的输入的逻辑值。Softmax 分类函数主要是将前一层的输出计算为每一类的概率值，对应概率值最大的标签则为图像数据集的故障类型。

4.2.3　实验结果验证与分析

1. 滚 动 轴 承 数 据 介 绍

本节所用的实验数据集在江苏千鹏公司 QPZZ-Ⅱ齿轮轴承的综合故障仿真实验平台上获取。该实验台由齿轮传动、转子轴承故障仿真两个部件组成，实验选用了 NU205EM 型内圈可拆卸滚子轴承。实验轴承用电火花加工轴承的内圈，其轴向沟槽深度均匀，并穿过内圈，效果如图 4.6 所示。

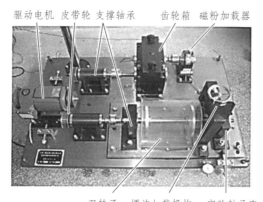

图 4.6　齿轮轴承综合故障模拟实验台

图 4.7 中所示不同故障程度的轴承内圈,从左到右内圈故障宽度分别为 0 mm、0.05 mm、0.17 mm 和 1.00 mm。本次实验的测试工况为:转速 1 188 r/min,采样频率为 12 kHz,径向没有施加载荷。获取的轴承振动信号数据也作为本章所有研究中所运用的原始数据集。

图 4.7　不同故障程度的轴承内圈

2. 故障诊断实验流程

基于 VGGNet16 模型的滚动轴承智能诊断方法整体流程如下。

(1) 利用振动数据图像化的预处理方法,将振动数据采用连续小波变换转换为 CWT 时频图,使得原始的一维振动信号数据转化为二维的图像数据。

(2) 利用 VGGNet16 模型对二维故障图像数据进行"端对端"的特征学习,从而提取深层特征。

(3) 利用 Softmax 对提取的故障特征进行分类,采用两组数据进行实验验证,使用 AlexNet 模型和 GoogleNet 模型与 VGGNet16 模型对比,从而证明了 VGGNet16 模型在"端对端"故障诊断研究方法的优越性。

按照上述方法完成图像集的生成,根据故障类型把振动信号数据转化的 CWT 时频图像集分成 7 类,其中,滚动轴承运行转速 1188 r/min,采样频率为 12 kHz,径向没有施加载荷,具体参数如表 4.1 所示。本实验中,训练数据、验证数据和测试数据的比例设为 7:2:1,即每种故障类型训练集为 210,共计 1470 个样本;验证集为 60,共计 420 个样本;测试集为 30,共计 210 个样本。模型的 Batch size 大小设置为 32,迭代次数 Epoch 设置为 100,初始学习率设置为 0.000 1,Dropout 设置为 0.5,优化方式为 Adam 优化算法。

表 4.1　数据说明

故障类型	故障尺寸/mm	样本总数	标签	转速/(r/min)
滚动体	0.05	300	B00050	
	0.45	300	B00450	
内圈故障	0.05	300	IR00050	
	1.50	300	IR01500	1188
外圈故障	0.05	300	OR00050	
	1.50	300	OR01500	
正常轴承	0	300	NORMAL	

3. 诊断结果对比分析

为验证研究所采用的方法的有效性,在相同实验平台采集的数据下,进行了实验结果对比分析。分别采用 AlexNet 模型[10]和 GoogleNet 模型[11]与 VGGNet 模型进行对比，使用训练过程中 VGGNet 模型、AlexNet 模型和 GoogleNet 模型的准确率曲线和损失值曲线反映模型训练时发生的变化。

图 4.8（a）代表三个模型训练集的损失值曲线，可以观察出随着迭代次数的增加，模型训练样本的误差曲线不断下降，VGGNet 模型经过 100 代的训练，最终误差值下降到一定的数值。从图中可以明显看出：VGGNet 模型比 AlexNet 模型和 GoogleNet 模型的损失值更低，表明训练效果比另外两种网络更优异。图 4.8（b）代表三个模型验证集的准确率曲线，从整体上分析，经过 100 个 Epochs 的训练，VGGNet 模型验证集的平均准确率比其他两个模型更好，GoogleNet 模型的准确率曲线波动较大，表明模型稳定性较差，相比之下，VGGNet 模型波动较为平稳，表明模型稳定性较高。

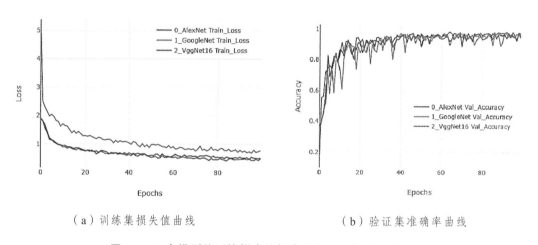

（a）训练集损失值曲线　　　　　　　（b）验证集准确率曲线

图 4.8　三个模型的训练样本的损失值与验证样本的准确率

如表 4.2 所示，VGGNet 模型 6 次诊断的平均准确率为 98.96%，平均诊断结果优于 AlexNet 模型和 GoogleNet 模型，证明其具有很好的分类性能，且模型的稳定性及泛化能力优异。

表 4.2　三个网络模型 6 次测试集准确率

模型名称	1	2	3	4	5	6	平均准确率
AlexNet	0.9857	0.9809	0.9761	0.9857	0.9809	0.9667	0.9793
GoogleNet	0.9714	0.9667	0.9714	0.9761	0.9857	0.9809	0.9754
VGGNet	0.9904	0.9857	0.9857	0.9904	0.9904	0.9952	0.9896

4.3　基于迁移学习的深度残差网络的滚动轴承故障诊断方法

从上节内容可知，构建基于深度 CNN 的故障诊断模型需要大量有标签的历史数据[12]，在训练模型的多层结构时，不仅需要大量的数据，而且在训练过程中容易出现模型鲁棒性不好、损失值波动大、训练时间长等问题，这些问题会对最后的分类结果产生很大影响。因此，在缺乏对未知工作条件的了解和滚动轴承故障数据不充足的情况下，开发一个性能良好的滚动轴承故障诊断模型是一项艰巨的任务。于是，研究者们开始关注将某一特定领域通过已有历史数据获得的知识进行迁移，以解决相关领域的问题，即迁移学习，它有助于缓解构建多层网络训练数据不足的问题。

为了解决模型训练不彻底、训练时间长等问题，本节介绍一种基于迁移学习的深度残差网络滚动轴承故障诊断方法，其主要思想是利用 ImageNet 等大型图像数据库预先训练深度残差网络（Deep Residual Network，ResNet）的 ResNet34 大多数网络参数，再将本章前述的滚动轴承故障 CWT 时频图像集输入到网络中进行二次训练，这能让智能分类网络快速收敛，相比于动辄数周的训练过程，针对时频图的迁移学习的深度残差网络能够在数分钟内实现收敛，并达到较高的训练精度。

4.3.1 基于迁移学习的 ResNet 滚动轴承智能诊断

1. 迁移学习网络介绍

迁移学习方法使用不同的数据训练出来的源域，可以应用到不同的小样本数据集中，从而训练目标域。在日常生活中，迁移学习随处可见，例如，学习使用个人电脑可以有助于学习智能手机。

迁移学习的目标是利用以前所获得的先验知识来智能地解决新的问题，因此，多年来随着迁移学习的思想，人们发展出了多任务学习、知识迁移、归纳迁移等多种方法[13]。迁移学习网络是最近几年兴起的智能深度 CNN 的代表之一，这个网络让使用者可以冻结通用特征提取卷积层，仅在网络最后少数的几层进行再训练学习特定的特征。典型的迁移学习网络分为两大类：通用特征的预训练和特定特征的二次训练。

（1）通用特征的预训练。

在迁移学习中，利用基本网络来提取通用特征，并利用卷积和池化运算，可以提取出如图像边缘、颜色和纹理等类似的通用特征。研究者们发现，在深度学习网络中，以上所述的卷积和池化处理都会反复出现，浪费大量的计算资源和大量的网络参数。上述的特征提取方法所针对的目标一般是通用图像特性，因此可以进行预训练，从而大幅度地降低对计算资源的要求。

（2）特定特征的二次训练。

通过一系列的卷积和池化运算，可以进行特定的特征提取。二次训练的卷积层数目要少于预训练的层数，二次训练是针对特定的特征训练而设计的。通过对输入小波时频图像的深度 CNN 进行二次训练，可以有效地实现对图像的分类。

2. ResNet 网络介绍

CNN 等深度学习诊断方法需要大量的有标签数据和相当长的时间来训练大量的参数，当数据库图像数量较少时，优势就不存在了。ResNet 是 ImageNet 数据集训练的深度 CNN 模型，促进了 CNN 的优化。ResNet 模型[16]可以认为是一种通用的 CNN 特征提取器，应用于许多图像识别任务，并取得了令人惊叹的性能。

根据以往的经验，网络的深度是影响模型性能的关键因素，在神经网络的训练过程中，底层主要提取纹理、边缘、颜色等基本特征，适用于常见的图像分类任务，在之后的层次中，从较低层次提取的基本特征可以转化为更抽象的表征。

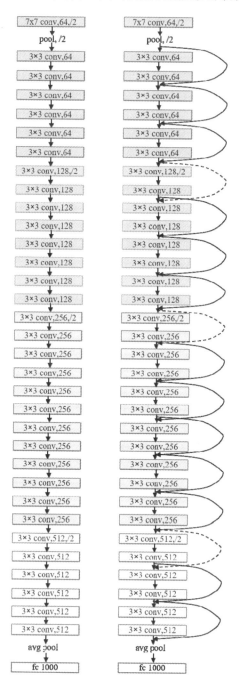

图 4.9　ResNet34 网络结构

随着网络层数的增加，可以提取到更多的特征，因此，在模型深层的情况下，可以得到较好的结果。但更深层的网络是否会有更好的表现？研究结果表明：随着网络的深度不断加深，网络的精确度逐渐趋于饱和，甚至会降低。而深度学习中的深度学习模型可能会出现梯度消失或爆发，这就给深度学习模型带来了困难。ResNet 巧妙地解决了这些问题，它应用 Residual 模块，使用批处理归一化（Batch Normalization，BN）加速训练，丢弃了 Dropout。所以，ResNet 有超深的网络结构，突破了 1000 层，也能得到很好的结果。

BN 的目的是使一批特征图满足均值为 0、方差为 1 的分布规律。批处理归一化不仅只用于输入层，也应用到神经网络中的深度隐藏层。

如图 4.9 所示（虚线代表特征图的数目变化），ResNet 是参照 VGG19 来进行改进的，采用 stride=2 的卷积进行采样，全连接层被全局平均池化层所取代。依据特征图的大小减少一半的同时数目会增加一倍的设计原理，从而保证了网络层的复杂性，与普通深层网络对比，其在两个层次之间添加了一个残差单元的短路机制，即残差学习。图 4.9 是 34 层的 ResNet，其他层次的 ResNet 如表 4.3 所示，在 18 层和 34 层的 ResNet 中，它执行了两层间的残差学习，在更深层的网络中，它执行了三层间的残差学习，三层的卷积核分别为 1*1、3*3、1*1，其中最重要的是，隐藏层的特征图数目相对较少，仅为输出特征图的 1/4。

表 4.3　深度残差网络各层参数

layer name	output size	18-layer	34-layer	50-layer	101-layer	152-layer
conv1	112×112	7×7, 64, stride2				
conv2_x	56×56	3×3, max pool, stride2				
		$\begin{bmatrix} 3\times3,64 \\ 3\times3,64 \end{bmatrix}\times2$	$\begin{bmatrix} 3\times3,64 \\ 3\times3,64 \end{bmatrix}\times3$	$\begin{bmatrix} 1\times1,64 \\ 3\times3,64 \\ 1\times1,256 \end{bmatrix}\times3$	$\begin{bmatrix} 1\times1,64 \\ 3\times3,64 \\ 1\times1,256 \end{bmatrix}\times3$	$\begin{bmatrix} 1\times1,64 \\ 3\times3,64 \\ 1\times1,256 \end{bmatrix}\times3$
conv3_x	28×28	$\begin{bmatrix} 3\times3,128 \\ 3\times3,128 \end{bmatrix}\times2$	$\begin{bmatrix} 3\times3,128 \\ 3\times3,128 \end{bmatrix}\times4$	$\begin{bmatrix} 1\times1,128 \\ 3\times3,128 \\ 1\times1,512 \end{bmatrix}\times4$	$\begin{bmatrix} 1\times1,128 \\ 3\times3,128 \\ 1\times1,512 \end{bmatrix}\times4$	$\begin{bmatrix} 1\times1,128 \\ 3\times3,128 \\ 1\times1,512 \end{bmatrix}\times8$
conv4_x	14×14	$\begin{bmatrix} 3\times3,256 \\ 3\times3,256 \end{bmatrix}\times2$	$\begin{bmatrix} 3\times3,256 \\ 3\times3,256 \end{bmatrix}\times6$	$\begin{bmatrix} 1\times1,256 \\ 3\times3,256 \\ 1\times1,1024 \end{bmatrix}\times6$	$\begin{bmatrix} 1\times1,256 \\ 3\times3,256 \\ 1\times1,1024 \end{bmatrix}\times23$	$\begin{bmatrix} 1\times1,256 \\ 3\times3,256 \\ 1\times1,1024 \end{bmatrix}\times36$
conv5_x	7×7	$\begin{bmatrix} 3\times3,512 \\ 3\times3,512 \end{bmatrix}\times2$	$\begin{bmatrix} 3\times3,512 \\ 3\times3,512 \end{bmatrix}\times3$	$\begin{bmatrix} 1\times1,512 \\ 3\times3,512 \\ 1\times1,2048 \end{bmatrix}\times3$	$\begin{bmatrix} 1\times1,512 \\ 3\times3,512 \\ 1\times1,2048 \end{bmatrix}\times3$	$\begin{bmatrix} 1\times1,512 \\ 3\times3,512 \\ 1\times1,2048 \end{bmatrix}\times3$
	1×1	average pool, 1000-d fc, softmax				
FLOPs		1.8×10^{9}	3.6×10^{9}	3.8×10^{9}	7.6×10^{9}	11.3×10^{9}

3. 结合迁移学习的 ResNet 故障诊断

传统的深度学习算法要求输入大量的样本以进行网络参数拟合，通过对大量的图像样本进行多尺度的训练，且在训练时使各个层次的参数都能收敛，从而使模型具有良好的分类准确率和鲁棒性。而在滚动轴承故障的智能分类中因数据量远远不足，存在应用难度，所以有必要建立一个在小样本情况下进行滚动轴承故障智能诊断的方法，原因如下：

（1）滚动轴承故障样本类型少。

为了使分类网络快速地收敛，一般要通过大量的输入信号进行训练，以确保在卷积层的高维特征提取中充分地提取出故障特征。而在实际诊断中，轴承的故障主要集中在少数几个主要的故障点，从而导致缺乏足够的样本，难以获得足够的多类型的故障样本。

（2）滚动轴承故障样本数目少。

为了全面提取各个状态固有的故障特征，必须保证滚动轴承故障信号在一定条件下的稳定性。但由于滚动轴承在高速、重载条件下工作，其失效状况会随使用年限的增加而呈现快速的非线性变化，使其不能在长时间内保持稳定的失效振动，从而使滚动轴承故障信号采样难以在连续稳定的情况下获得，造成各故障情况下的故障样本数量很少，难以进行可靠的关键特征提取。

鉴于此，采用完整的故障状态信息来完成深度学习网络训练的传统方法，不适合用于滚动轴承故障的智能诊断。基于深度学习网络的良好智能分类能力，本节提出将迁移学习与 ResNet34 模型相结合的方法。

第一层提取的特征称为一般特征或通用特征，而与数据集和任务有关的特征称为特定特征。研究发现，在大多数情况下，特征提取第一层与具体的图像数据集之间的联系并不大，而在网络的最后几层，它与所选择的数据集和任务的目标有着密切的联系。因此，本节使用由 ImageNet 数据集充分训练的 ResNet34，利用预先训练的网络对大多数参数进行冻结，也就是提取图像的一般特性，并利用小样本的故障轴承小波时频图像集数据再训练，获得与故障特征有关的特定特征，以得到在小样本情况下的用时短、效率高的智能分类模型。本节采用 ResNet34 作为初始的滚动轴承特征提取器，通过微调将预处理后的 ResNet34 网络应用到 CWT 图像数据集，再将网络初始权值作为 ResNet34 的权值迁移，对预训练的通用网络进行微调，识别滚动轴承故障图像。

4.3.2　实验结果验证与分析

1. 数据集的划分

本节实验数据集采用本章 4.2 节 CWT 生成的滚动轴承故障时频图像集。按照故障类型将图像集分成 7 类，如表 4.4 所示。

表 4.4　图像数据集介绍

故障类型	故障尺寸/mm	样本总数	训练集样本数	验证集样本数	测试集样本数	标签
滚动体	0.05	300	210	60	30	B00050
	0.45	300	210	60	30	B00450
内圈故障	0.05	300	210	60	30	IR00050
	1.50	300	210	60	30	IR01500

续表

故障类型	故障尺寸/mm	样本总数	训练集样本数	验证集样本数	测试集样本数	标签
外圈故障	0.05	300	210	60	30	OR00050
	1.50	300	210	60	30	OR01500
正常轴承	0	300	210	60	30	NORMAL

试验中，训练数据、验证数据和测试数据的比例设为 7∶2∶1，即每种故障类型训练集为 210，共计 1470 张；验证集为 60，共计 420 张；测试集为 30，共计 210 张。模型的 Batch size 的大小设置为 32，迭代次数 Epoch 设置为 60，初始学习率设置为 0.0001，优化方式为 Adam 优化算法。

2. 故障诊断流程

本节针对滚动轴承故障诊断提出了一种基于二维 CWT 时频图像表示和 ResNet-TL 的轴承故障诊断方法，将 ResNet-TL 网络结构应用于智能故障提取与诊断，避免了人工特征提取的主观性，降低了训练时间，提高了诊断效率。所提模型的技术流程如图 4.10 所示。

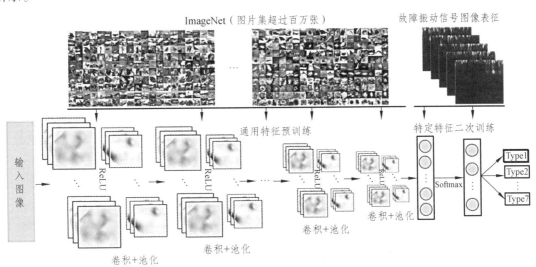

图 4.10 基于 ResNet-TL 模型的智能诊断流程

如上所述，振动信号图像化有助于深度残差网络提取深层特征，首先将小样本滚动轴承故障图像集输入基于迁移学习的 ResNet 中进行智能分类，使用滚动轴承实验台采集的故障信号数据输入模型进行验证，可得到智能诊断结果。图 4.11 为小样本情况下基于迁移学习的 ResNet 滚动轴承智能诊断流程，主要步骤描述如下。

（1）人工加工不同尺寸的滚动轴承内圈、外圈和滚动体的故障，采用加速度传感器采集滚动轴承在不同转速时的振动信号。

（2）对振动信号采用滑动窗口取值法进行信号重叠等间距分割，利用 CWT 将原始振动信号重构为时间-频率信号，得到重构信号的 CWT 二维时频图像。

（3）将预训练权值导入分类模型中，合理划分训练集、验证集和测试集，采用基于 ResNet-TL 的模型对这些图像进行训练和测试,实现小样本条件下滚动轴承不同状态的分类。

（4）计算识别精度并输出故障诊断结果，可视化 ResNet-TL 模型的特征学习过程和测试集准确率。

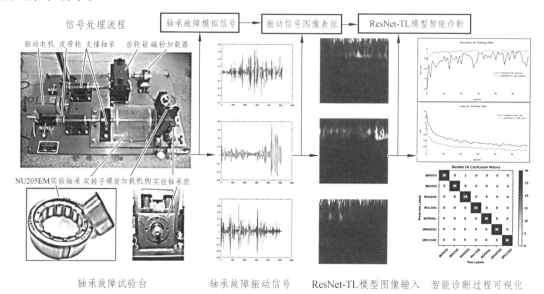

图 4.11 基于迁移学习的 ResNet 滚动轴承智能诊断流程

3. 实验结果分析

本节进行 2 组实验，第一组是使用迁移学习预训练参数的 ResNet-TL 与没有预训练参数的 ResNet 的对比，结果如图 4.12 所示；第二组是使用迁移学习预训练参数的 ResNet-TL 分别与 MobileNet 网络和采用迁移学习预训练参数的 MobileNet-TL 对比，结果如图 4.13 所示。

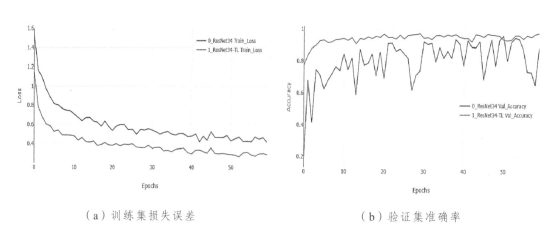

（a）训练集损失误差　　　　　　　（b）验证集准确率

图 4.12 ResNet-TL 与 ResNet 训练集损失和验证集准确率

（1）第一组对比实验。

从图 4.12（a）可以看出，ResNet-TL 模型训练集的损失误差相对于 ResNet 模型降低得更快，在初始迭代中，基于 ImageNet 数据集预训练的网络参数迁移到 ResNet 模型，采用滚动轴承故障图像集进行二次训练来微调 ResNet 模型的损失误差比直接训练的 ResNet 模型更小，经过 60 次迭代，ResNet-TL 模型训练集损失误差更小，训练效果对比 ResNet 模型更好。类似地，图 4.12（b）中显示，ResNet-TL 模型验证集的第一代准确率就达到 78%，而 ResNet 模型的第一代准确率为 18%，60 次迭代中，ResNet-TL 模型验证集准确率都明显高于 ResNet 模型，并且 ResNet-TL 模型 10 ~ 60 次迭代的准确率稳定在 90% ~ 95%，而 ResNet 模型准确率波动太大，模型参数反复调整且不稳定，鲁棒性较差。

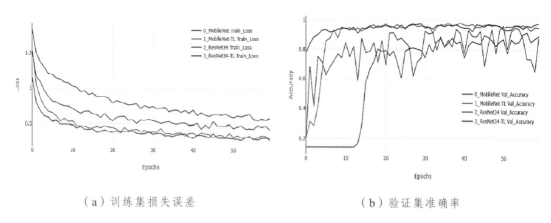

（a）训练集损失误差　　　　　　　　　（b）验证集准确率

图 4.13　ResNet-TL、ResNet、MobileNet-TL 和 MobileNet 训练集损失误差和验证集准确率

（2）第二组对比实验。

从图 4.13（a）中 4 个网络训练集的损失误差可以看出，基于迁移学习预训练的 ResNet-TL 模型与 MobileNet-TL 模型的损失误差在迭代初期就能快速下降，最终趋于稳定，而直接训练的 ResNet 模型 MobileNet 模型的损失误差下降缓慢，反复波动到一个稳定值，最终损失误差明显高于迁移学习预训练的该网络损失误差值。ResNet-TL 模型的初始损失误差也明显小于 MobileNet-TL 模型，虽然最终 ResNet-TL 模型和 MobileNet-TL 模型损失误差都大致相等，但在前 20 代，ResNet-TL 模型已经训练完成，综合考虑训练时间和模型结果的关系，ResNet-TL 模型能够在短时间的模型训练中达到较好结果，且在 60 次迭代的训练下，最终损失误差波动更小，模型参数更新不大，模型更稳定。

从图 4.13（b）中 4 个网络验证集的准确率可以看出，ResNet-TL 模型和 MobileNet-TL 模型在输入故障图像集的二次训练中能快速收敛，在 20 代内，验证集的准确率就趋于稳定，但 ResNet-TL 模型初始验证准确率就较高，表明基于 ImageNet 数据集预训练的网络参数在 ResNet 网络的二次训练参数微调较小，效果更好，适用于模型快速训练收敛。ResNet 模型、MobileNet 模型在无参数预训练的情况下，验证集准确率反复波动，相同的迭代次数，验证集准确率更低。

综上两组对比实验，ResNet-TL 模型不管是在训练集的损失误差还是在验证集的准确率上，模型效果都更优异。将训练好的模型参数保存后缀名为 .pth 的文件，用于测试集的智能分类。

（3）测试集混淆矩阵可视化对比。

为了更直观地显示 ResNet-TL 模型的优越性，使用混淆矩阵对测试集数据可视化，为了防止模型的随机不确定性，对所有模型均进行 6 次训练，将得到的 6 次测试结果取均值作为最终诊断结果。

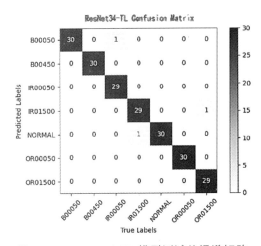

图 4.14 ResNet34-TL 模型测试的混淆矩阵

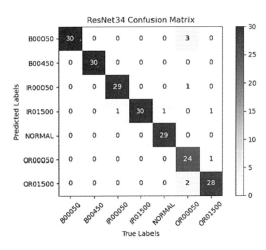

图 4.15 ResNet34 模型测试的混淆矩阵

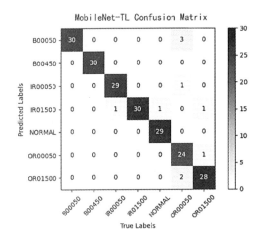

图 4.16 MobileNet-TL 模型测试的混淆矩阵

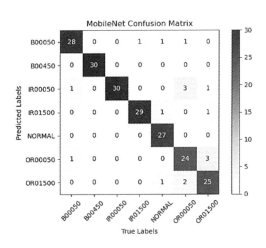

图 4.17 MobileNet 模型测试的混淆矩阵

表 4.5 模型 6 次测试准确率

模型名称	1	2	3	4	5	6	平均准确率
ResNet-TL	0.9857	0.9952	0.9857	0.9857	0.9905	0.9905	0.9889
MobileNet-TL	0.9714	0.9809	0.9619	0.976	0.9857	0.9714	0.9746
ResNet	0.9524	0.9571	0.9619	0.9524	0.9667	0.9667	0.9595
MobileNet	0.9190	0.9286	0.8714	0.9095	0.9190	0.8809	0.9048

从图 4.14 ~ 图 4.17 及表 4.5 可以看出，ResNet-TL 模型 6 次测试，在一共 210 个测试

样本的情况下，错分 1～3 个样本，6 次测试的平均准确率为 98.89%；ResNet 模型 6 次测试，在一共 210 个测试样本的情况下，错分 7～10 个样本，6 次测试的平均准确率为 95.95%；从图 4.16 可以看出，MobileNet-TL 模型 6 次测试，在一共 210 个测试样本的情况下，错分 3～8 个样本，6 次测试的平均准确率为 97.46%；MobileNet 模型 6 次测试，在一共 210 个测试样本的情况下，错分 15～27 个样本，6 次测试的平均准确率为 90.48%。

表 4.5 所示为 ResNet-TL 模型通过与 MobileNet-TL 模型、ResNet 模型和 MobileNet 模型的 6 次训练和测试对比，ResNet-TL 模型有较高的测试准确率，能够在故障样本不足和短时间网络训练的情况下，解决滚动轴承故障的精确诊断，对大型旋转机械生产工作有应用价值。

4.4 基于数据驱动的改进生成对抗网络的滚动轴承故障诊断方法

搭建基于数据驱动的滚动轴承故障诊断模型[17]需要大量有标签的历史数据，且这些数据需要考虑滚动轴承的各种工况。但在实际工作条件中，提取滚动轴承随运行状态变化而变化的故障特征较为困难，因此，在数据不充足且不平衡的情况下构建一个性能良好的基于数据驱动的分类模型是一项艰巨的任务。深度卷积神经网络在训练数据集较少时，会出现过拟合、泛化能力差等现象，而生成对抗网络可用于扩充数据，从而有效地解决这个问题，因此，基于数据驱动的生成对抗网络的滚动轴承故障诊断研究意义重大[21]。

众多学者将改进 GAN[22-24]应用于故障诊断，本节中，应用到了 WGAN-GP，该算法极大地改善了原始 GAN 在学习过程中出现的模型崩溃现象。根据不同的不平衡比例，分别设置了数据增强、几何数据增强和无数据增强组实验，之后将划分好的图像数据输入 WGAN-GP 中，进行滚动轴承故障数据的自动生成，从而实现故障诊断，最后重点讨论了训练数据对滚动轴承故障诊断网络训练效果的影响。

4.4.1 生成对抗网络构建

1. 生成对抗网络

2014 年 Ian Goodfellow 等[25]提出了 GAN，通过模拟训练来优化模型参数，实现了模拟实际数据的分布。GAN 模型包括两个部分：生成网络 G 和判别网络 D。生成网络 G 尽量产生最真实的样本，从而使得判别网络 D 不能分辨真伪。而判别网络 D 则试图分辨出输入的样本是来源于真实样本还是模型产生。图 4.18 为 GAN 原理图，生成网络 G 的输入一般是符合一定先验分布的随机噪声矢量，而判别网络 D 的输入有两种类型：真实数据和生成数据。生成网络 G 通过对抗性训练来对模型参数进行优化，使其与真实数据的潜在分布相吻合，最后将生成的数据和真实的数据一同输入判别网络 D 中，而判别网络 D 则会尽量分辨出这些信息的真伪。

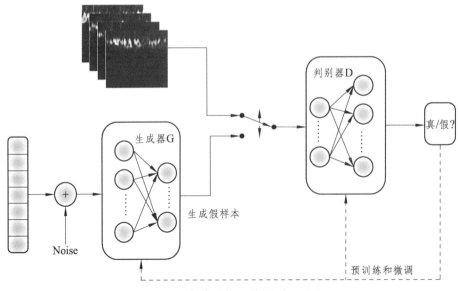

图 4.18　生成对抗网络模型原理图

在初始的 GAN 模型中，判别网络 D 需进行二分类判别，生成的结果判为假，而真实数据判为真；生成网络 G 则尽量产生最真实的样本，以使判别网络 D 判别结果为真。在此过程中，生成网络 G 和判别网络 D 都被优化，并改善了各自的性能，最后判别网络 D 不能识别数据的来源时，模型训练完成。在这种情况下，该生成网络 G 可以模拟出真实数据的分布情况，从而产生与真实数据难以区别的样本。生成网络和判别网络的对峙过程可被视为一种最大最小博弈，其数学表达式被定义为式（4.6）：

$$\min_G \max_D V(D,G) = \mathbb{E}_{x \sim P_{\text{data}}}[\log D(x)] + \mathbb{E}_{z \sim P_z}[\log(1 - D(G(\mathbf{z})))] \quad (4.6)$$

其中：z 是随机噪声向量；x 是真实样本；x 能根据真实样本分布 P_{data} 随机采样生成；z 是由特定的先验分布 P_z 采样生成。

表 4.6 表明了 GAN 的参数更新，生成器的一次训练与判别器的 k 次训练相对应，判别器通过随机批次梯度上升法进行最大值求解，生成器通过随机批次梯度下降法进行最小值求解。

表 4.6　GAN 的参数更新伪代码

GAN 的随机批梯度下降算法更新参数
G：迭代次数
k：生成网络 G 和判别网络 D 的训练关系
m：训练批次大小
for　G 没有收敛　do
for　k　steps　do
从生成网络 G 的随机噪声 $p_g(z)$ 分布中随机采样 m 个样本 $\{z_{(1)}, \cdots, z_{(m)}\}$；
从生成网络 G 生成的样本 $P_{data}(x)$ 分布中随机采样 m 个样本 $\{x_{(1)}, \cdots, x_{(m)}\}$；

利用随机梯度上升更新判别网络 D 参数：

$$\nabla_{\theta_d} \frac{1}{m} \sum_{i=1}^{m} [\ln(D(x_{(i)})) + \ln(1 - D(G(z_{(i)})))]$$

end

从生成网络 G 的随机噪声 $p_g(z)$ 分布中随机采样 m 个样本 $\{z_{(1)}, \cdots, z_{(m)}\}$；

利用梯度下降法更新生成网络 G 的参数：

$$\nabla_{\theta_g} \frac{1}{m} \sum_{i=1}^{m} \ln(1 - D(G(z_{(i)})))；$$

end

2. Wassserstein GAN

Wassserstein GAN（WGAN）由 Arjovsky 等[26]人提出，通过优化损失值来改善对抗训练的稳定性。在判别网络 D 最佳状态下，初始 GAN 优化生成网络 G 的损失，相当于使真实样本和生成样本的 Jensen-Shannon 散度（ JS 散度）最小化。但是，如果真实分布和生成分布这两种分布不存在重叠，或相互重叠的区域可以被忽视，则会产生梯度消失的问题。而 Wasserstein GAN 使用可以在不重叠的情况下测量两者距离的 Wasserstein 距离来替代 JS 散度来进行对抗训练，从而解决了在 GAN 训练中出现的梯度消失问题。Wasserstein GAN 定义如公式（4.7）所示：

$$W(P_{data}, P_g) = \inf_{r \sim \prod(P_{data}, P_g)} E_{(x,y) \sim \gamma}[\| x - y \|] \tag{4.7}$$

其中：P_{data} 是真实样本分布；P_g 是生成样本分布；$\prod_{(P_{data}, P_g)}$ 是 P_{data} 与 P_g 分布的集合，从联合分布 $(x, y) \sim \gamma$ 中采用真实样本 x 和生成样本 y，计算得到真实样本与生成样本的距离 $\| x - y \|$；$E_{(x,y) \sim \gamma}[\| x - y \|]$ 为联合发布 γ 下对各样本的距离期望值，该期望值所能取到的数值的下界就是 Wasserstein 距离，它将网络更新权值裁剪为 $w \in [-c, c]$。

与常规的判别网络 D 相比，WGAN 中的判别损失值能够间接地反映训练状态，从而增强了训练的可解释性。Wasserstein 距离代表实际分布与生成分布的 Wasserstein 距离愈短，则 GAN 网络的训练情况愈佳。

3. Wassserstein GAN-GP

WGAN 将权值裁剪为 $w \in [-c, c]$，以使判别网络 D 符合 *Lipschitz* 约束，使其达到 Wasserstein 距离，提高了模型的稳定性和可解释性。然而，权值重置策略在生成网络 G 损失值中的权重约束将会对最优情况产生很大的负面影响。Gulrajani I 等[27]提出了这一点，权值会变成 $-c$ 和 c 两个极端，在此限制条件下，神经网络会采用最简单的方法实现最大的梯度下降。因此，采用权值裁剪方法进行约束，也会造成损失值太过简单的问题，不能从高阶矩信息中提取出更多的数据。

为了解决上述问题，WGAN-GP 采用了"梯度惩罚"（gradient penalty）策略，由惩罚判别网络 D 损失值对输入的生成网络 G 生成的样本的梯度进行归一化来限制权值。具体改进是将可微函数 $1-Lipschitz$ 作为一个惩罚项添加到 WGAN 中，所以，WGAN-GP 的损失值是将处罚项加入 WGAN 的损失值中，转换后表达式见式（4.8）：

$$L = E_{x \sim p_{data}}[f_w(x)] - E_{\hat{x} \sim p_{\tilde{x}}}[f_w(\tilde{x})] + \lambda E_{\hat{x} \sim p_{\hat{x}}}[(\|\nabla_{\hat{x}}D(\hat{x})\|_2 - 1)^2] \tag{4.8}$$

其中：惩罚项 $E_{\hat{x} \sim p_{\hat{x}}}[(\|\nabla_{\hat{x}}D(\hat{x})\|_2 - 1)^2]$ 为梯度约束；λ 是惩罚系数，一般取 10，$\hat{x} = x + (1-\varepsilon)\tilde{x}$，$\varepsilon \sim U[0,1]$；$\hat{x}$ 是一个随机分布，在原始样本分布和生成样本分布之间。与 WGAN 所采用的权值裁减方法一样，采用这种方法可以确保判别网络 D 的损失值为一个 $Lipschitz$ 连续函数。实验结果也表明，梯度惩罚在权值裁剪中具有明显的优势，梯度惩罚方法让生成网络 G 损失值的权值在区间中取得均衡，而不是朝两侧倾斜。

4.4.2 WGAN-GP 在不平衡数据情况下实验结果验证与分析

1. 数据集划分介绍

本节采用 4.2 节中千鹏故障诊断实验台采集的数据进行实验验证，滚动轴承数据描述如表 4.7 所示，正常数据和 6 种故障数据共 7 种轴承状态，每种状态共 300 张图像，选取 200 张按比例划分不平衡训练集，100 张图像作为测试集。

表 4.7　滚动轴承数据描述

故障类型	尺寸/mm	样本总数	训练样本数	测试样本数
正常	0	300	200	100
内圈故障	0.05	300	200	100
	1.50	300	200	100
外圈故障	0.05	300	200	100
	1.50	300	200	100
滚动体故障	0.05	300	200	100
	0.45	300	200	100

由于本节所探讨的是在数据不平衡状态下的滚动轴承故障诊断，而在实际中，正常的数据样本通常会多于故障的数据，所以，本节人为地降低故障的样本，以达到对数据不平衡状态的模拟设置。此外，为模拟不同程度的不平衡状态，研究中将故障数据与正常数据分别设置三种不同的比例，如表 4.8 所示。

表 4.8　不平衡数据集设置

数据集	正常状态	内圈故障	外圈故障	滚动体故障	不平衡比例
数据集 A	200	100/100	100/100	100/100	2∶1
数据集 B	200	50/50	50/50	50/50	4∶1
数据集 C	200	20/20	20/20	20/20	10∶1
测试集	100	100/100	100/100	100/100	1∶1

2. 故障诊断流程

本节前文介绍了 WGAN 和 WGAN-GP 的原理及改进，本章 4.3 节详细论述和验证了 ResNet 在滚动轴承故障诊断方面的优势，本节采用基于迁移学习的 ResNet50-TL 对 WGAN-GP 生成数据进行"端对端"的特征学习和智能分类，验证人工模拟设置的不平衡数据集在 WGAN-GP 模型生成数据的情况下进行滚动轴承故障诊断的优势。本实验中 WGAN-GP 结合 ResNet50-TL 模型的故障诊断流程和技术路线图，如图 4.19 所示。

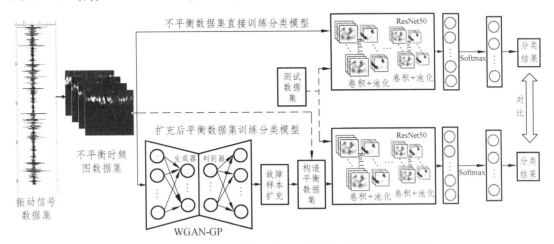

图 4.19 不平衡比例实验中不平衡数据集故障诊断流程

详细步骤如下。

（1）将采集的振动信号数据转换为 CWT 时频图像数据集，人工划分不平衡数据集，把数据集分为不平衡的训练集、不平衡的验证集和平衡的测试集。

（2）将不平衡故障数据集按标签分别输入 WGAN-GP 模型中训练达到纳什均衡，通过 Wasserstein 距离以 .pkl 文件保存迭代训练中最优模型参数。

（3）调用保存的每个类别的最优参数模型，对不平衡的原始 CWT 时频图像数据进行扩充，使得正常样本和故障样本集合的数目相等，对扩充后的数据集按 4∶1 划分训练集和验证集。

（4）将训练集和验证集输入 ResNet50-TL 模型中进行"端对端"的特征学习，保存训练好的网络参数，进而使用 Softmax 函数分类。

（5）将平衡的测试集输入训练好的 ResNet50-TL 模型中，对比不平衡数据和扩充后平衡数据集状态下的网络分类准确度。

3. 实验结果分析

为保证实验结果的客观性，用不平衡数据和扩充后的平衡数据集训练 ResNet50-TL 模型时，须保持训练参数一致。设置 ResNet50-TL 模型迭代次数为 60，Batch Size 为 32，初始学习率为 0.0001，使用 Adam 优化算法。

实验中使用 WGAN-GP 模拟生成故障数据来平衡数据集 A、B 和 C，再使用扩充后的数据进行故障诊断结果分析。

首先是模拟生成数据方面。图 4.20（a）是 0.05 mm 的滚动体故障真实时频图和生成时频图，图 4.20（b）是 1.5 mm 的滚动轴承内圈故障真实时频图和生成时频图。可以大致看出，生成所得到的时频图与真实时频图之间的相似度很高。其次是故障类型识别方面。将扩充之前的不平衡数据集和 WGAN-GP 扩充后的数据集放入 ResNet50-TL 中进行训练，再用平衡测试集对训练得到的网络模型进行测试，对比分析训练过程和测试准确率，得出表 4.9 所示结论。

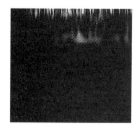 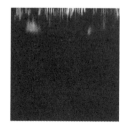 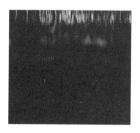 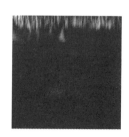

（a）0.05 mm 滚动体故障原图与生成图　　　（b）1.5 mm 内圈故障原图与生成图

图 4.20　真实故障时频图和 WGAN-GP 生成时频图

表 4.9　测试集准确率

数据不平衡比例	2∶1	4∶1	10∶1
不平衡数据集测试集准确率	92.14%	90%	78.29%
数据扩充后平衡数据集测试集准确率	94.43%	91%	81.14%

从表 4.9 可以看出，在所有的数据集中，使用了数据扩充的方法可以提高分类的准确性。例如，在数据集合 A 中，不平衡比例是 2∶1，在使用数据扩充之前，其识别率是 92.14%，而在使用了数据扩充之后，识别率达到 94.43%，识别率增加 2.29%，表明在不平衡的数据条件下，由于无法很好地掌握数据的分布特性，模型分类的准确性和稳定性会受到影响。此外，注意到数据集 A、B、C 的识别率随着不平衡比率的增加而降低，表明数据的减少对 WGAN-GP 生成数据的质量有一定的影响，但与不平衡样本集相比，这一影响几乎可以忽略不计。图 4.21 和图 4.22 是对数据集 A、B、C 进行了扩充之前和扩充之后的混淆矩阵。通过以上分析可以看出，使用 WGAN-GP 扩充不平衡样本集，可以在一定程度上减轻故障样本不足对模型诊断识别率所造成的影响。

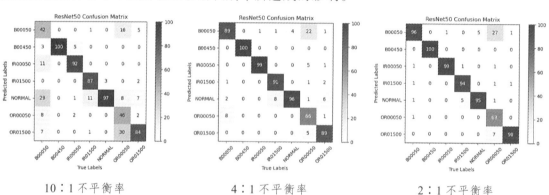

10∶1 不平衡率　　　　4∶1 不平衡率　　　　2∶1 不平衡率

图 4.21　不平衡数据集测试集混淆矩阵

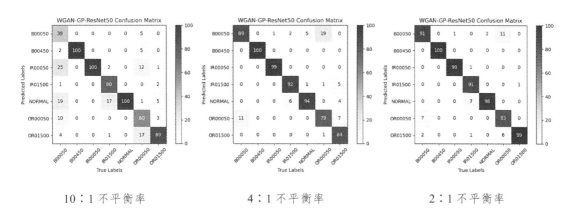

10∶1 不平衡率　　　　　　　4∶1 不平衡率　　　　　　　2∶1 不平衡率

图 4.22　扩充后平衡数据集测试集混淆矩阵

4.4.3　WGAN-GP 在数据增强情况下实验结果验证与分析

1. 图像几何变换基本理论

几何变换（Geometric Transformation，GT）包含多种类型的图像变换[28]，本节中使用的是翻转、加噪、平移、缩放、随机裁剪和增加亮度。

图像数据生成有两种类型的翻转，分别是水平翻转和垂直翻转，这种变换已被证明对 ImageNet 等数据集有帮助，对于使用时频图表示的振动数据，水平翻转更有意义，因为垂直翻转会改变图的意义，垂直翻转更适合于宇宙学图像、显微图像等样本。

在基于几何变换的数据增强技术中，噪声直接添加到分类器的输入样本中。在图像样本中加入不同类型的噪声，如椒盐噪声、高斯噪声、斑点噪声、周期噪声。神经网络可以忽略噪声并将噪声图像作为一个新的样本进行计数，这种方法可以增强分类器对噪声测试样本识别的鲁棒性。

平移处理是在保持图像尺寸相同的情况下，将所有图像像素向一个方向移动，在图像数据中，水平和垂直移动是可能的，在这种情况下，移动的像素将从图像中裁剪出来，它们的空白位置被来自相邻像素的新像素值填充，然而，直观地说，这对于时频图图像来说并不是很好，因为重要的信息可能会被裁剪出去。

图像的亮度可以通过任意变暗图像、变亮图像或两者都可以增强，样本中不同程度的亮度会使分类器误以为它是一个新样本，而变亮图像意味着增加 RGB 值接近 255，变暗则意味着减少到 0。

放大增强类型是通过插值像素值或向相应像素添加新像素值来随机放大或缩小图像，缩放是从样本的随机区域均匀地进行的，缩放增强类型通过内插像素值或将新像素值添加到相应像素来随机放大或缩小图像。

剪切变换使图像中物体的形状倾斜，剪切变换可以沿着 X 轴和 Y 轴进行，X 方向剪切改变 X 坐标值，Y 方向剪切改变 Y 坐标值，对于这两种情况，只有一个坐标在保留另一个坐标的同时改变其值。

几何数据增强的参数如表 4.10 所示。水平和垂直翻转是随机的，本节使用向右翻转；

图像噪声增强是将 30%高斯噪声添加到图像；平移是从中间沿 X 轴的正、负方向进行宽度在 20%范围内的平移；对图像随意剪切，裁剪后的图像尺寸的长宽为原图像的 2/3；亮度增加是将像素值调亮和调暗至当前值的 50%；缩放是将图像进行 50%的放大和缩小。

表 4.10 几何变换参数

增强方式	操作
翻转变换	向右翻转
图像加噪	对图像添加 30%的高斯噪声处理
平移变换	对图像进行平移操作
随机修剪	对图像随意剪切，裁剪后的图像尺寸的长宽为原图像的 2/3
增加亮度	调亮和调暗至当前值的 50%
缩放	将图像进行 50%的放大和缩小

2. 数据集划分介绍

（1）几何变换数据增强。

采用图像几何变换方法，将每类样本按平移、裁剪、加噪、翻转、增亮、缩放等变换，如图 4.23 所示，每类 100 张扩充为每类 800 张。

（a）0.05 mm 轴承外圈故障原图与生成图　　　　（b）1.5 mm 轴承外圈故障原图与生成图

图 4.23 WGAN-GP 模型生成图

（2）WGAN-GP 数据增强。

采用 WGAN-GP 模型数据增强方法，将每类样本分别输入 WGAN-GP 模型中进行扩充，WGAN-GP 模型训练达到纳什均衡后，通过 Wasserstein 距离以 .pkl 文件保存迭代训练中最优模型参数。再调用参数文件，循环 200 次，将每类样本扩充 200 张图像。最终，实现每类 100 张数据集扩充为每类 300 张数据集。

图 4.23（a）是 0.05 mm 的滚动轴承外圈故障真实时频图和生成时频图，图 4.23（b）是 1.5 mm 的滚动轴承外圈故障真实时频图和生成时频图。可以大致看出，生成所得到的时频图与真实时频图之间的相似度很高。

由于本节讨论的是数据增强情况下的滚动轴承故障诊断问题，因此，采用几何变换和 WGAN-GP 模型增加样本数据，从而扩充样本数据集。设置的对比实验数据集为：无数据增强、几何变换数据增强和 WGAN-GP 数据增强三种，训练集和验证集按 7∶3 比例划分，如表 4.11 所示。

表 4.11　数据增强数据集描述

数据增强方式	每类样本总数	每类训练样本数	每类验证样本数	每类测试样本数
无数据增强	100	70	30	200
几何变换数据增强	800	560	240	200
WGAN-GP 数据增强	300	210	90	200

3. 故障诊断流程

　　本节采用基于迁移学习的 TL-ResNet50 对 WGAN-GP 生成数据"端对端"的特征学习和智能分类，分别将几何变换数据增强、没有数据增强情况下的故障识别率与 WGAN-GP 模型数据增强下的识别率对比实验，验证 WGAN-GP 模型的数据增强在样本不平衡情况下的滚动轴承故障诊断的优势。本实验中 WGAN-GP+ResNet50-TL 模型的故障诊断流程和技术路线如图 4.24 所示。

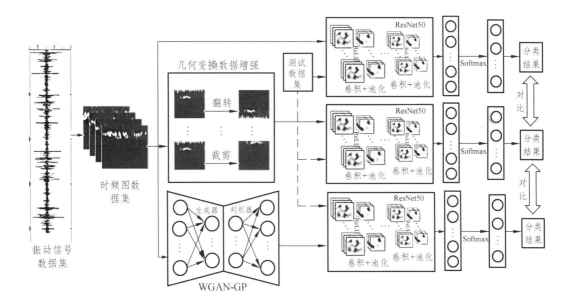

图 4.24　WGAN-GP+ResNet50-TL 模型的故障诊断流程和技术路线

详细步骤如下。

　　（1）将采集的振动信号数据转换为 CWT 时频图像数据集，每类状态下的数据共 300 个样本，划分 100 个样本用于几何变换数据增强和 WGAN-GP 模型数据增强，每类 200 个样本用于测试。

　　（2）将划分的 100 个样本分别采用几何变换数据增强和输入 WGAN-GP 模型进行数据增强，WGAN-GP 模型训练达到纳什均衡后，通过 Wasserstein 距离以 .pkl 文件保存迭代训练中最优模型参数。

　　（3）WGAN-GP 模型数据增强，调用保存的每个类别的最优参数模型，将 100 个原始 CWT 时频图像数据集扩充到 300 数据集，对增强后的数据集按 4∶1 比例划分训练集和验证集。

（4）将训练集和验证集输入 ResNet50-TL 模型中进行"端对端"的特征学习，保存训练好的网络参数，最后采用 Softmax 函数进行分类。

（5）将每类 200 个样本的测试集输入训练好的 ResNet50-TL 模型中，对比几何变换数据增强和没有数据增强情况下的网络分类准确度，验证基于 WGAN-GP 数据增强的情况下进行滚动轴承故障诊断的优越性。

4. 实验结果分析

用三种数据集训练 ResNet50-TL 模型时，保持训练参数一致。设置 ResNet50-TL 模型迭代次数为 60，Batch Size 为 32，初始学习率为 0.0001，使用 Adam 优化算法。

本节中，分析了三种数据增强方式下的故障诊断结果。WGAN-GP 用来模拟生成数据集，达到数据增强的作用。在故障类型识别方面，分别将无数据增强、几何变换数据增强、WGAN-GP 数据增强后的数据输入 ResNet50-TL 中进行训练，再用初始设置的每类 200 张图像的测试集对训练得到的网络进行测试，对比分析训练过程和测试准确率，得出的结果如图 4.25 所示。

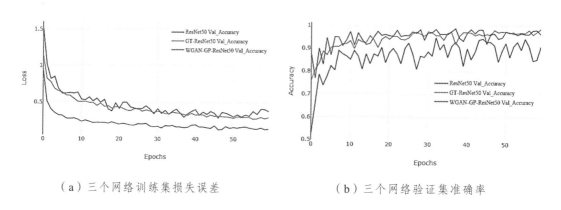

（a）三个网络训练集损失误差　　　　　　　（b）三个网络验证集准确率

图 4.25　网络训练过程

图 4.25 显示了网络训练过程训练集的损失误差和验证集的准确率。从图 4.25（a）可以看出，经过 WGAN-GP 模型数据增强后的数据集训练 ResNet50-TL 网络初始损失误差下降快，后期训练误差波动小，其训练效果明显优于基于几何变换数据增强和不增强数据集的训练效果。从图 4.25（b）可以看出，WGAN-GP 模型数据增强后的验证集准确率总体都高于其他网络。最终通过之前划分的测试集测试三个网络，如图 4.26 所示，通过 WGAN-GP 数据增强和 ResNet50-TL 模型测试得到的混淆矩阵的测试准确率，比无数据增强和几何变换数据增强的网络要更高。从实验结果分析，在一定程度上，基于 WGAN-GP 模型的数据增强可以缓解滚动轴承故障诊断模型在训练样本不足时受到的影响。

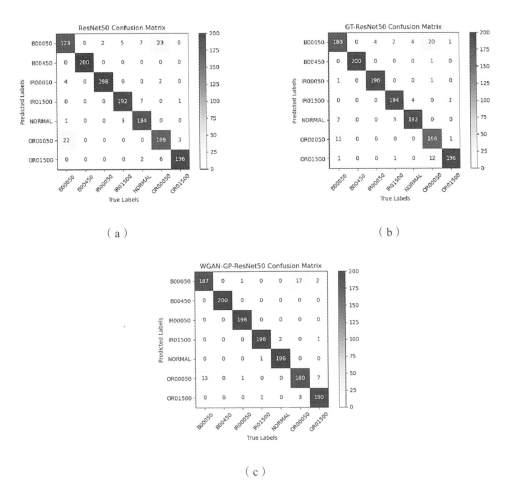

（a）　　　　　　　　　　　　　　　　（b）

（c）

图 4.26　三个网络测试集混淆矩阵

　　为了减少实验的随机性影响，对三个网络的数据集重复 6 次实验，取 6 次实验的测试集准确率的平均值作为最终的实验结果，如图表 4.12 所示。实验表明，WGAN-GP 模型数据增强的网络测试集平均准确率明显高于其他网络。

表 4.12　三个网络 6 次测试集准确率

模型	1	2	3	4	5	6	平均值
WGAN-GP-ResNet50	0.946 429	0.946 429	0.946 429	0.950 714	0.965	0.946 429	0.950 238
ResNet50	0.934 286	0.937 143	0.931 429	0.932 857	0.933 571	0.933 571	0.933 81
GT-ResNet50	0.935 714	0.945 714	0.936 429	0.937 857	0.939 286	0.944 286	0.939 881

本章参考文献

[1] 郭艳. 基于时频分析与智能算法的滚动轴承智能诊断方法[D]. 南昌：华东交通大学，2015.

[2] 崔路瑶. 基于机器学习的滚动轴承智能故障诊断方法研究[D]. 南昌：华东交通大学，2019.

[3] 李涛，段礼祥，张东宁，等. 自适应卷积神经网络在旋转机械故障诊断中的应用[J]. 振动与冲击，2020，39（16）：275-282.

[4] 余萍，曹洁. 基于图形特征的双输入卷积神经网络风力机轴承剩余寿命预测[J]. 太阳能学报，2022，43（05）：343-350.

[5] Zhang H Q, Li C, Ai S L, et al. Application of graph-based features in computer-aided diagnosis for histopathological image classification of gastric cancer[J]. Digital Medicine, 2022, 8(1): 15-15.

[6] 李家辉. 基于深度卷积神经网络和生成对抗网络的滚动轴承故障诊断[D]. 南昌：华东交通大学，2022.

[7] Zhou J M, Yang X T, Li J H. Deep residual network combined with transfer learning based fault diagnosis for rolling bearing[J]. Applied Sciences, 2022, 12(15): 7810.

[8] Jia F, Lei Y G, Guo L, et al. A neural network constructed by deep learning technique and its application to intelligent fault diagnosis of machines[J]. Neurocomputing, 2018, 272: 619-628.

[9] 甄灿壮. 基于卷积神经网络的滚动轴承故障诊断研究[D]. 南昌：华东交通大学，2021.

[10] Wu Z Z, Weise T, Wang Y, et al. Convolutional Neural Network Based Weakly Supervised Learning for Aircraft Detection From Remote Sensing Image[J]. IEEE ACCESS, 2020, 8: 158097- 158106.

[11] Bi N, Chen J H, Jan J. The Handwritten Chinese Character Recognition Uses Convolutional Neural Networks with the GoogLeNet[J]. International Journal of Pattern Recognition and Artificial Intelligence, 2019, 33(11): 12.

[12] 成俊良. 旋转机械故障特征提取及性能退化评估研究[D]. 南昌：华东交通大学，2018.

[13] Han D M, Liu Q G, Fan W G. A new image classification method using CNN transfer learning and web data augmentation[J]. Expert Systems with Applications, 2018, 95(APR.4): 43-56.

[14] Wang B, Wang B Q, Ning Y. A novel transfer learning fault diagnosis method for rolling bearing based on feature correlation matching[J]. Measurement Science and Technology, 2022, 33(12).

[15] Yang Z C, Shen Y, Zhou R F, et al. A transfer learning fault diagnosis model of distribution transformer considering multi-factor situation evolution[J]. IEEJ Transactions on Electrical and Electronic Engineering, 2020, 15(1): 30-39.

[16] Pan N. Better Person Re-identification Using ResNet Model and Re-ranking Strategy[J]. IOP Conference Series: Materials Science and Engineering, 2018, 435(1).

[17] 雷亚国，贾峰，孔德同，等. 大数据下机械智能故障诊断的机遇与挑战[J]. 机械工程学报，2018，54（5）：94-104.

[18] 周建民，尹文豪，游涛，等. 数据驱动下的滚动轴承性能退化评估研究综述[J]. 现代制造工程，2021，（05）：146-153+160.

[19] Hoang D T, Kang H J. Rolling element bearing fault diagnosis using convolutional neural network and vibration image[J]. Cognitive Systems Research, 2018, 53: 42-50.

[20] Ma P, Zhang H L, Fan W H, et al. A novel bearing fault diagnosis method based on 2D image representation and transfer learning-convolutional neural network[J]. Measurement Science and Technology, 2019, 30(5): 055402-055402.

[21] Liang P F, Chao D A, Wu J, et al. Intelligent fault diagnosis of rotating machinery via wavelet transform, generative adversarial nets and convolutional neural network[J]. Measurement, 2020, 159(C).

[22] Radford A, Metz L, Chintala S. Unsupervised representation learning with deep convolutional generative adversarial networks[J].CoRR, 2015, abs/1511.06434.

[23] Zhu J Y, Park T, Isola P, et al. Unpaired image-to-image translation using cycle-consistent adversarial networks[C]//Proceedings of the IEEE international conference on computer vision. 2017: 2223-2232.

[24] Wang Z, Wang J, Wang Y. An intelligent diagnosis scheme based on generative adversarial learning deep neural networks and its application to planetary gearbox fault pattern recognition[J]. Neurocomputing, 2018, 310: 213-222.

[25] Heaton J. Ian Goodfellow, Yoshua Bengio, and Aaron Courville: Deep learning: The MIT Press, 2016, 800 pp, ISBN: 0262035618[J]. Genetic Programming and Evolvable Machines, 2018, 19(1-2): 305-307.

[26] Arjovsky M, Chintala S, Bottou L, et al. Wasserstein generative adversarial networks [C]//International conference on machine learning. PMLR, 2017: 214-223.

[27] Gulrajani I, Ahmed F, Arjovsky M, et al. Improved Training of Wasserstein GANs[J]. Advances in neural information processing systems, 2017, 5767-5777.

[28] 徐行，孙嘉良，汪政，等. 基于特征变换的图像检索对抗防御[J]. 计算机科学，2021，48（10）：258-265.

[29] Mykhailo S, Nataliia K, Yaliv I, et al. Implementation of the method of image transformations for minimizing the Sheffer functions[J]. Eastern-European Journal of Enterprise Technologies, 2020, 5(4): 19-34.

【 第 5 章 】 >>>>
基于支持向量机的滚动轴承性能退化评估方法

5.1　引　言

基于数据驱动的性能退化评估方法是以数据分析为基础，通过在数据中发现的隐藏信息，建立模型并进行特征学习后再进行滚动轴承的性能退化评估。因此，合理建立有效的模型是性能退化评估技术的重要部分[1]。支持向量机最早由 Vapnik 等人提出，这是一种基于结构风险最小化原理的机器学习模型，它克服了在缺少先验知识时现有网络结构难以确定、过学习和欠学习的问题，在面对非线性、小样本和高维模式识别问题时表现出良好的泛化性能[2]。此外，模型中的数据特征和超平面间的几何距离还能够描述轴承性能的退化程度。为此，针对支持向量机在滚动轴承性能退化领域中的应用，大量学者进行了研究并提出了不同的滚动轴承性能退化模型。

5.2　基于 GA-SVM 的滚动轴承性能退化评估方法

支持向量机模型可以利用输入特征与响应标签间的相互映射关联来实现故障类型的分类，但是支持向量机的分类精度与模型参数的选取高度相关。在传统方法中，一般采用经验法来进行参数选择，该方法需要一定的先验知识，但采用该方法会使模型具有不确定性，同时这往往使得分类效果不稳定。因此，为提高模型的精度和泛用性，需要优化相关模型参数。本节采用遗传算法（Genetic Algorithm，GA）来自适应地优化 SVM 的核函数参数 g 和惩罚因子 c。

5.2.1　GA-SVM 模型构建

1. 支持向量机介绍

在介绍支持向量机之前，需先了解超平面的相关知识。超平面的概念是相对于二维平面或者三维平面而言的，对于一个二分类问题，可以使用一条直线，便将两类样本进行划分，但是这样的直线存在很多条，因此，需要找到离这两类样本都比较近的最优直线，将其转化为求两点之间的距离即可，根据两点之间的距离公式（5.1）求解。

$$|AB| = \sqrt{(x_1 - x_2)^2 + (y_1 - y_2)^2}$$

（5.1）

对于更高维度的"直线"则称之为超平面，寻找最优超平面问题可以根据数学方法解决。三维空间的"直线"方程可表示为 $Ax + By + Cz + D = 0$，则 n 维空间的"直线"超平面方程可以表示为：$\vec{w}_1\vec{x}_1 + \vec{w}_2\vec{x}_2 + \cdots + \vec{w}_n\vec{x}_n + b = 0$，根据高等数学中的内积定义，即若 $\vec{x} = (\vec{x}_1, \vec{x}_2, \vec{x}_3, \cdots, \vec{x}_n)^T$，$\vec{y} = (\vec{y}_1, \vec{y}_2, \vec{y}_3, \cdots, \vec{y}_n)^T$，如果为 $[\vec{x}, \vec{y}] = \vec{x}_1\vec{y}_1 + \vec{x}_2\vec{y}_2 + \vec{x}_3\vec{y}_3 + \cdots + \vec{x}_n\vec{y}_n$，则 $[\vec{x}, \vec{y}]$ 便是 $\vec{x}$ 与 $\vec{y}$ 向量的内积，得出 n 维空间的超平面方程可以化简为：

$$\vec{w}^T\vec{x} + b = 0 \tag{5.2}$$

其中，$\vec{w} = (\vec{w}_1, \vec{w}_2, \vec{w}_3, \cdots, \vec{w}_n)^T$ 是垂直于超平面的法向量，b 表示截距。距离超平面最近的样本点定义为支持向量，计算样本点到超平面距离的推导过程如下。由式（5.2）可知，超平面上的任意一点 x_0 均满足 $\vec{w}^T x_0 + b = 0$。为简化推导过程，假设三维空间中任意一点 x 到超平面法向量的距离与其到超平面的距离是相等的，点 x 到超平面法向量的距离就等于 $\vec{xx}_0$ 在法向量上的投影的长度，则点 x_0 到超平面的距离可以用式（5.3）表示：

$$d = \left| \frac{w^T}{\|w\|}(x - x_0) \right| \tag{5.3}$$

而 $w^T x_0 = -b$，所以式（5.3）又可写为：

$$d = \frac{|\vec{w}^T\vec{x} + b|}{\|\vec{w}\|} \tag{5.4}$$

支持向量机是一种小样本的分类方法，其中心思想是通过构建一个最优超平面，使其可以准确划分样本集并使得分类样本之间的几何距离最大化。支持向量机因其在解决非线性高维空间问题上的优越性，被广泛应用于故障预测与健康管理等领域[3]。

图 5.1 表示的是支持向量机二分类过程的最大化间隔，间隔距离为 $d_1 = \dfrac{2}{\|w\|}$，最大化距离 d_1 的问题即可变成求解 $\|w\|$ 最小化的问题，一般为了方便计算，把求解 $\|w\|$ 最小化的问题转化为求 $\dfrac{1}{2}\|w\|^2$ 最小值的问题。

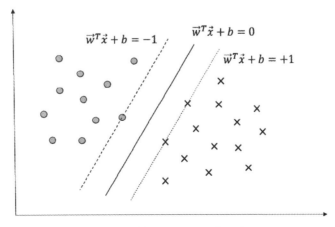

图 5.1　支持向量机二分类示意图

$$\begin{cases} \min \frac{1}{2}\|w\|^2 \\ subject\ to\ \ y_i[(wx_i)+b]-1 \geqslant 0 (i=1,2,\cdots,n) \end{cases} \tag{5.5}$$

式（5.5）是一个典型的凸二次优化问题，通过求解该优化问题即可得到支持向量模型。通常做法为加入拉格朗日乘子，将约束条件和目标函数融合，具体表示式如下：

$$\mathcal{L}(w,b,\alpha) = \frac{1}{2}\|w\|^2 - \sum_{i=1}^{n}(y_i(w^T x_i + b)-1) \tag{5.6}$$

通过求解式（5.6），即可得到 α,b,ω 的最优解如下：

$$a^* = \arg\max_{\alpha}\left(\sum_{i=1}^{n}\alpha_i\alpha_j y_i y_j x_i^T x_j\right) \tag{5.7}$$

$$w^* = \sum_{i=1}^{n}\alpha_i y_i x_i \tag{5.8}$$

$$b^* = y_i - \sum_{i=1}^{n}\alpha_i y_i x_i x_j \tag{5.9}$$

因此，可以通过获得最优参数来获得最优超平面和分类决策函数。

在面对具体问题时，支持向量机可分为线性和非线性两种，其中线性支持向量机是直接在原空间构建一个超平面，使大部分线性可分的数据能够正确分类，然而在实际中，大部分数据都是线性不可分的，此时需要引入核函数以及松弛变量，通过核函数的非线性映射，将特征数据映射到特征空间，然后在特征空间中使用线性分类器进行分类。通过加入核函数，超平面变成：

$$w^T\phi(x)+b=0 \tag{5.10}$$

其中，$\phi(x)$ 为映射函数，核函数为 $k(x_1,x_2)=\phi(x_1)*\phi(x_2)$。常用的核函数公式及参数如表 5.1 所示。

表 5.1 常用核函数名称及公式

核函数名称	表达式
线性核函数	$K(x_i,x_j)=x_i^T x_j$
多项式核	$K(x_i,x_j)=(rx_i^T x_j+c)^d, r>0$
高斯核	$K(x_i,x_j)=\exp(-\|x_i-x_j\|^2/2\sigma^2)$
径向基核（RBF）	$K(x_i,x_j)=\exp(-r\|x_i-x_j\|^2), r>0$
小波核	$K(x,y)=\prod_{i=1}^{n}h((x_i-c)/a)h((y_i-c)/a)$
样条核	$K(x,y)=1+x^Ty+x^Ty\min(x,y)-1/2(x+y)\min(x,y)^2+1/3\min(x,y)^3$
Sigmoid核	$K(x_i,x_j)=\tanh(rx_i^T x_j+r)$

核函数的选择方法主要包括如下几个方面：一是根据领域先验知识；二是利用交叉检验方式，在建立支持向量机模型的过程中，使用不同的核函数，并选择误差最小的核函数；三是构造混合核函数，针对不同的应用场景，根据需求将多个核函数进行合理组合得到。

2. 遗传算法

遗传算法是一种全局优化概率搜索算法[4]。其主要思想来自自然选择理论中的优胜劣汰和适者生存原则，表现为将优化问题转化为一个承载不同优化参数的"染色体"的自然选择过程，其算法步骤为：

（1）设计染色体的编码规则，一般采用二进制和十进制编码。

（2）生成初始种群，初始种群通常在待优化参数的取值范围内随机产生。

（3）计算适应度，根据设置好的适应度函数计算种群中不同个体的适应度值。

（4）选择过程，这一过程通过选择原则剔除适应度函数值低的解，保留适应度高的个体。

（5）遗传过程，将经过选择的适应度值较高的个体的染色体进行复制、交叉、突变操作，得到下一迭代过程的种群。

（6）收敛过程，判断是否达到收敛条件，若满足，则跳转到（7），结束迭代过程；若不满足，则跳转到（3），进行新一轮的遗传算法寻优过程。

（7）对满足条件的个体进行解码得到最优参数。

具体运算逻辑流程如图 5.2 所示。

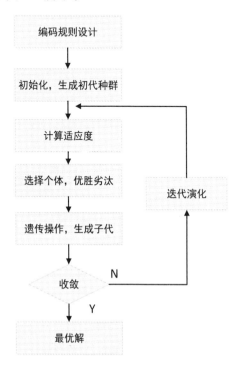

图 5.2　遗传算法运算逻辑流程

针对支持向量机模型的参数寻优问题，选取关键参数为惩罚因子 c 和核函数参数 g。其中惩罚因子 c 的取值影响模型计算的效率和训练误差，核函数参数 g 主要反映训练样本数据的范围特征，这两个参数决定了支持向量机的分类效果和泛化能力。具体步骤如下：

（1）确定编码方式和参数范围。

编码方式采用二进制编码，编码对象为惩罚因子 c 和核函数参数 g，参数范围为 $c \in [0,100]$，$g \in [0,100]$。

（2）确定适应度函数。

选择合适的适应度函数可以更加准确地得到优化的结果，从而使得模型更加精确。在轴承故障诊断中，诊断准确率越高，模型越好，文中选择支持向量机的诊断准确率作为适应度函数。

（3）种群的选择、交叉和变异。

选取适应度值最高的个体，并将其染色体保存，然后使用俄罗斯轮盘赌方法选择其他染色体，使用单点交叉算子进行交叉选择，用自适应变异概率产生变异基因，以随机方法选出变异基因。对交叉突变种群进行连续筛选和淘汰，经过 N 次迭代得到适应度最高的个体，得到最优参数。

5.2.2 实验数据及标签设定

1. 实验数据

研究所用的滚动轴承全寿命周期试验数据来自美国辛辛那提大学智能维修中心提供的轴承全寿命试验数据[5]，疲劳寿命试验台如图 5.3 所示。

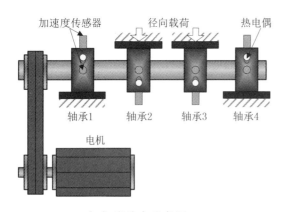

（a）试验台示意图　　　　　　　　　　（b）局部图片

图 5.3　滚动轴承加速疲劳寿命试验台

实验使用型号为 RexnordZA-2115 的双列球轴承，在其水平和垂直方向各安装一个加速度传感器，型号为 PCB353B33，4 个轴承分别安装在同一个连接轴的不同位置，通过交流电机驱动连接轴旋转，转速恒定 2000 r/min，轴承径向负荷大小为 6000 Lb。采用 NI DAQ 的数据采集卡 6062E 对实验数据进行采集，采样频率 12 kHz，采样时间 1 s，采集数据长度为 20 480 个点，得到的轴承数据如表 5.2 所示。

表 5.2 轴承数据详情

实验组数	轴承编号	样本数量	失效部位
第一组	3	2156	内圈
	4	2156	滚动体
第二组	1	984	外圈
第三组	3	6324	外圈

以表 5.2 中辛辛那提大学的三个在不同部分损坏的轴承为样本，第一种是外圈失效样本，即第二组轴承 1，样本数量为 984 个，因为末尾的两个采样波形表现为失真，所以总样本数量为 982 个；第二种情况是内圈损坏，即第一组轴承 3，样本数量为 2156 个；第三种则为滚子失效样本，即第一组轴承 4，样本总数为 2156 个。

2. 特征提取与标签设定

结合第 3 章所提到的多域特征构造方法，本节对实验数据进行时域特征和 EEMD 能量熵提取作为初始特征。时域分析是描述信号的波形与振幅随时间的变化，EEMD 能量熵解决了 EMD 的模态混叠问题，可以更好地表示信号的能量分布，两者能够有效地表征轴承的工况信息和故障变化。由相关轴承诊断研究[6]可知，在 EEMD 所提取的 IMF 分量中，后面的 IMF 分量所包含的轴承退化信息较少，因此，本节仅选择前 10 个 IMF 分量。通过对实验数据的特征提取得到 11 个时域信号、1 个 EEMD 能量熵总和以及 10 个 IMF 分量，共 22 个特征作为初始特征，并按第 3 章公式介绍顺序进行编号处理，时域信号编号为 01~11，EEMD 能量熵总和编号为 12，10 个 IMF 分量的编号为 13~22。根据第 3 章中公式（3.68）的综合目标优化函数对特征进行筛选，选择最优特征子集，得到的特征综合指标 Cri 如表 5.3 所示。

表 5.3 不同特征的综合指标 Cri 值

特征编号	均方根值	方根幅值	绝对平均值	歪度	方差	峰峰值	波形指标	峰值指标
Cri	1	0.6126	0.6295	0	0.5423	0.672	0.7356	0.478

特征编号	脉冲指标	裕度指标	峭度	IMF	IMF_1	IMF_2	IMF_3	IMF_4
Cri	0.506	0.5226	0.6565	0.708	0.6674	0.6133	0.7425	0.6242

特征编号	IMF_5	IMF_6	IMF_7	IMF_8	IMF_9	IMF_{10}		
Cri	0.5338	0.4753	0.5052	0.4364	0.3006	0.0944		

将特征优选的综合指标阈值设置为 0.6，选择 Cri 值大于 0.6 的特征，结果如图 5.4 所示。特征编号为 01、15、07、12、06、11、13、16、03、14、02，保留所选的 11 个特征作为模型的输入特征。

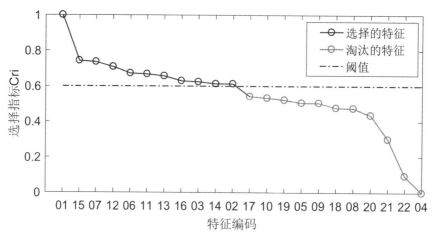

图 5.4　特征综合指标选择

　　采用表 5.2 中三种不同类型的故障数据，即第一组和第二组故障。将样本分为正常样本（H）、外圈退化样本（DOR）、外圈失效样本（FOR）、内圈退化样本（DIR）、内圈失效样本（FIR）、滚子退化样本（DR）、滚子失效样本（FR）。轴承的故障形成是缓慢的，在轴承的正常阶段临近退化以及退化阶段临近失效都会产生重叠部分，而这些重叠数据会导致模型的判断失误，因此，需要除去这些重叠数据，将样本总数从 5294 减少为 3334。各类样本设置的 SVM 标签和样本数如表 5.4 所示。

表 5.4　样本个数及 SVM 标签

类型	H	DOR	FOR	DIR	FIR	DR	FR
个数	2800	150	30	150	30	150	30
标签	1	2	3	4	5	6	7

5.2.3　退化评估结果分析与对比

　　通过遗传算法对 SVM 的参数优化，结果得到最优参数为 $c=23.85$、$g=1.7875$，将其输入 SVM 模型中进行训练。轴承的退化状态是使用退化指标（Degradation Index，DI）来评估的，退化指标的具体计算方法如下：

　　（1）获取轴承全寿命数据。

　　（2）提取数据的特征并进行特征选择。

　　（3）将特征子集划分为训练样本和测试样本，训练样本训练 SVM 模型并通过遗传算法找到最优的参数。

　　（4）定义退化指标 $DI(1)=0$。从第二个样本开始，当 SVM 输出标签为 1 时，判断轴承属于健康状态，$DI(i)=DI(i-1)+0$；否则 $DI(i)=DI(i-1)+1$；DI 为 0 表示健康状态，DI 越大则故障越严重。其中，i 表示全寿命周期样本数据的第 i 个时刻数据。

　　通过计算模型分类精度评估模型分类的准确性，其中，模型分类精度计算公式为：

$$CA[\%] = \frac{正确分类的样本数}{总样本数} \times 100\% \qquad (5.11)$$

对三种不同轴承故障类型的全寿命数据进行测试，轴承的故障类型可通过智能故障评估模型识别，再根据退化指标的定义，绘制出轴承性能退化评估曲线，测试结果如图5.5 ~ 图 5.7 所示。

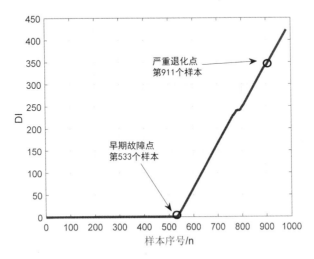

图 5.5　轴承外圈故障数据评估结果

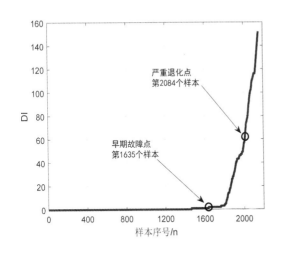

图 5.6　轴承内圈故障数据评估结果

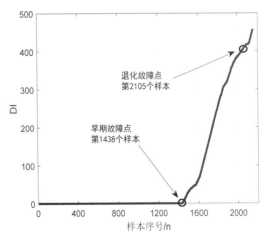

图 5.7　轴承滚子故障数据评估结果

图 5.5 为轴承外圈故障数据评估结果。由图可知，第 533 个样本是轴承外圈故障检测的最早期故障点，即第 5330 分钟，轴承的退化过程位于第 533 个数据至第 911 个数据期间，在此之后，轴承逐渐趋于失效直至无法使用。由评估结果可知，早期轴承的质量评估曲线表现为一条直线，标签输出为 1，第 533 个样本时开始输出标签 2，第 800 个样本附近出现了标签输出为 1 的情形，认定为模型诊断失误。统计模型的判断结论和实际轴承的失效状态，得出轴承外圈失效分析准确率为 98.07%。

图 5.6 为轴承内圈故障数据评估结果，由图可知，第 1635 个样本为轴承内圈故障检测的早期故障点，即第 16 350 分钟，第 1635 个样本到 2084 样本之间为轴承的退化阶段。在此之后，轴承严重退化直至失效。通过模型的评估结果与实际轴承的故障情况进行计算，得到轴承内圈故障分类精度为 96.29%。

图 5.7 为滚子故障数据的评估结果，由实验结果可知，第 1438 个样本为轴承滚子的早期故障点，第 1438 个样本到 2105 样本之间为轴承的退化阶段，在此之后，轴承处于严重退化阶段直至失效。对模型的分类结果进行计算，得到轴承滚子故障数据的分类精度为 98.7%。

在实际工程应用中，评估模型的使用需要基于数据驱动，因此需要获得同类轴承的全寿命周期失效数据，来对所建立的模型进行验证。通过失效数据训练模型后，可直接在工程中实时监测轴承的性能退化状态。以辛辛那提大学提供的第三组数据作为测试样本，轴承与训练的轴承为同类轴承，数据样本共 6324 个，采用智能评估模型评估结果如图 5.8（a）所示，早期退化点为第 6163 个样本，严重退化点为第 6244 个样本，所得样本标签为内圈退化和失效，与实际失效结果一致。采用包络谱解调方法验证早期故障点的准确性，第 6163 个样本点的包络谱图如图 5.8（b）所示，谱峰在 296.3 Hz、592.5 Hz 和 887.5 Hz，与 ZA-2115 轴承内圈故障特征频率 296.9 Hz 相近，且故障频率呈倍频。而对第 6163 个样本之后的严重故障样本进行包络谱分析得到的谱峰一致，因此可确定故障点判断准确。这一结果证明了该方法在实际工程监测中的有效性和方法的可靠性。

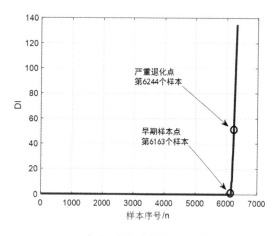
（a）测试数据退化曲线

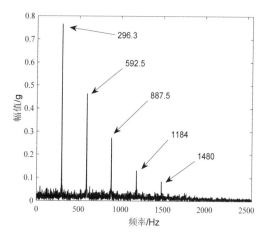
（b）第 6163 个样本的包络解调图

图 5.8 测试数据评估结果

为了验证本节提出的智能评估方法的优越性，本文对三篇相关文献的主要内容进行解读，对比分析了文献中的其他方法。文献中提取特征分别是 EEMD 能量熵和模糊熵，使用模型包含 LSSVM、ANN 和 SVM，对比分析如表 5.5 所示。

表 5.5 方法对比

文献	特征	模型	平均分类准确率	判断退化状态
[7]	EEMD	PSO-LSSVM	96.5%	否
[8]	EEMD	ANN	93%	是
[9]	ALIF-FuzzyEN	SVM	93%	否
本节	EEMD	GA-SVM	97.69%	是

通过实验结果可知，本节所提方法的分类效果与同类文献相比具有更高的精度，并且能够识别轴承的退化状态。而在其他文献中，虽然能达到高故障识别率，但是无法评估轴承的退化状态，原因是其采用了仿真数据进行实验，通过加工不同直径和深度的轴承故障来进行测试，但在实际工业中，轴承的故障是反复磨损、逐渐扩大的。本节使用反映轴承动态响应的真实数据进行测试，测试结果更符合工程应用。

5.3 基于 SDAE-OCSVM 的滚动轴承性能退化评估方法

传统故障诊断方法无法自动获取信号的特征信息，高度依赖于特征工程的先验知识，这无疑是耗时又费力的。堆叠降噪自编码具有可自动提取信号深层特征的特性，是一种典型的深度学习方法，能够摆脱对特征工程的依赖性。单类支持向量机（One class SVM，OCSVM）属于机器学习中统计学习理论的知识，其训练过程只需要无故障的单类特征数据，并不需要故障数据，可以很好地适应轴承设备的在线监测，能够随时根据数据特征变化及时发出报警，具有很好的实用性，在工程实践中具有重要意义[10]。在本节中将可以提取信号深层特征的 SDAE 方法与 OCSVM 相结合，用于轴承的性能退化评估研究。

5.3.1 融合型性能退化评估方法

传统的 SVM 用于分类时需要在训练时含有多类样本，而 OCSVM 的训练样本只需含有无故障的样本[11]。OCSVM 算法是以坐标原点为异常样本，在特征空间构建一个与坐标原点间隔最大的最优超平面来实现样本分类，是单类分类器中较为成熟且效果较好的方法，具有训练速度快、对训练样本要求不高、抗干扰能力强等优点[12]。使用 SDAE 提取轴承振动信号的深层特征信息，取特征降维后的无故障特征输入单类支持向量机进行训练，得到最优超平面，然后计算全部样本到超平面的距离 DI，将此距离作为轴承退化指标，绘制轴承退化曲线。

整体具体的评估流程如图 5.9 所示。

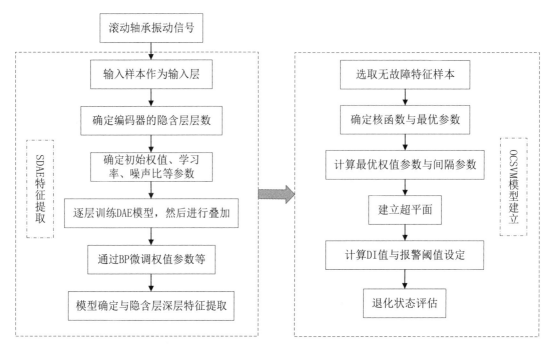

图 5.9　SDAE-OCSVM 的整体训练流程

5.3.2　特征提取与指标构建

　　为了使实验更具对比性，本节所有实验数据均采用 5.2.2 节所提辛辛那提大学的全寿命周期数据，采用轴承 1 的外圈故障数据包，对原始数据采用 SDAE 提取深层特征信息。

　　使用 SDAE 进行特征提取的第一步，确定隐含层的层数，本次实验设置 DAE 的隐含层数为 3 层，第一层最大可设置的最大层数为 2500 层，层数过大会存在计算机运行不了或死机的风险。根据经验，当下一层的隐含层层数设置为上一层的 1/2 时，效果最佳。本实验的具体 DAE 隐含层层数的设置如图 5.10 所示。

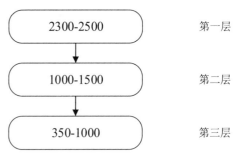

图 5.10　DAE 隐含层层数设置

　　如图 5.10 所示，DAE 隐含层的第一层层数为 2300 ~ 2500，每隔 100 设置一类实验组数；在第一层层数不变的情况下，第二层层数在 1000 ~ 1500 之间每隔 50 设置一组实验；在第二组层数不变的情况下，第三组以相同方法每隔 50 设置一组实验，一共设置了多组实验的组数，每一层的训练次数设置为 10 次。实验还改变了隐含层数，在隐含层 3 ~ 6 层设置多组实验，根据最终实验数据特征提取的效果，最终确定隐含层的层数为 2300-1500-750。此时，认为辛辛那提大学的外圈故障数据包 2nd_test 提取的故障特征信息最有效。

　　在隐含层层数确定之后，便要确定每一层 DAE 的白噪声加入比例和学习率。根据上述已经确定了初始的层数为 2300-1500-750,设置此层数不变,在输入学习率经验值为 1 的前提下,测试了噪声比从 0.1 到 1 的选取情况,对 SDAE 提取的特征进行对比,得到 SDAE 的训练误差,将原始信号与 SDAE 模型重构信号的差值与原信号的比值作为模型的训练误差,具体如表 5.6 所示。

表 5.6　学习率为 1 时 SDAE 的噪声比设置

噪 声 比	0.1	0.2	0.3	0.4	0.5
训练误差	0.117 8	0.514 0	0.044 4	0.003 8	0.051 7
噪 声 比	0.6	0.7	0.8	0.9	1.0
训练误差	0.051 4	0.005 3	0.005 2	17.245 3	66.181 0

表 5.6 中训练误差为第三层 DAE 训练的最终误差结果,可见在学习率为 1 的前提下,噪声比在 0.3～0.8,均可取得不错的训练结果,当噪声比为 0.4 时,误差最小,此时的 SDAE 训练误差可以保持较小的值,提取出比较可靠的特征信息。

根据上述得到的最佳参数提取轴承的特征,得到 984×750 特征矩阵,由于特征矩阵太大,如果直接输入单类支持向量机会造成信息的冗余。为保证单类支持向量机的可靠性,采用自回归特征提取方法对 SDAE 提取到的特征矩阵进行特征再提取,获取有利于 OCSVM 的特征输入矩阵,最终得到 984×15 特征矩阵。将前 100 组无故障的轴承特征数据输入 OCSVM 训练,得到最优超平面,然后计算全部样本到最优超平面的距离,得到轴承的退化指标值。

5.3.3　实验结果与分析

根据 5.3.2 节所述进行特征提取以及构建退化指标,以 OCSVM 模型得到的退化指标特征绘制轴承的退化曲线,结果如图 5.11 所示。图 5.11 中早期轴承退化指标 *DI* 表现平稳,存在正常的波动情况;在第 538 个样本点时超过报警阈值,此后故障逐渐加剧,在 702 个样本点时出现陡然上升的情况,随后曲线上下波动幅值较大,该阶段一般称为“严重故障”阶段,直至在第 960 个样本点轴承出现直线上升的趋势,说明轴承已完全失效。

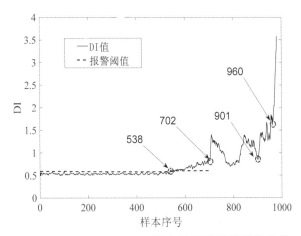

图 5.11　SDAE-OCSVM 融合的轴承性能退化曲线

为验证本节所提 OCSVM 模型的优越性,采用 SDAE-SVDD 模型作为对比实验,实验数据与上述相同,其他条件保持一致。使用得到的特征矩阵前 100 组特征进行 SVDD 模型的训练,得到超球体,计算样本特征的距离,将其作为特征指标绘制轴承的性能退化曲线,结果如图 5.12 所示。从图 5.12 可以看出,该方法的退化趋势与 SDAE-OCSVM 最终得到的轴承性能退化曲线大体一致,但在初始故障点时间评估方面比结合 OCSVM 方法要晚 8 个样本点的时间,也就是 80 min。前期的曲线波动相比于 OCSVM 方法更大,变化更明显,OCSVM 在前期表现得更加平稳,后期变化基本一致。

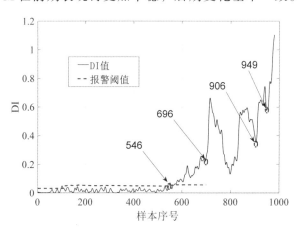

图 5.12　SDAE-SVDD 的性能退化曲线图

5.4　基于 PSO-OCSVM 的滚动轴承性能退化评估方法

为了提高 OCSVM 在滚动轴承性能退化评估中的准确性,研究提出将自适应白噪声的完整经验模态分解方法与粒子群算法(Particle Swarm Optimization,PSO)优化的单分类支持向量机相结合,用于滚动轴承的性能退化评估。利用自适应噪声完备集合经验模态分解(Complete Ensemble Empirical Mode Decomposition with Adaptive Noise,CEEMDAN)方法将滚动轴承振动信号分解成不同的 IMF 分量,根据 IMF 的能量熵密度获得典型的特征信号,然后将特征输入 PSO-OCSVM 模型中,得到性能退化指标 DI 值并画出性能退化曲线,使用 3σ 准则设置自适应阈值,确定轴承早期失效阈值。结合实验与支持向量描述和参数自选的 OCSVM 模型对比,分析了 PSO-OCSVM 模型判断早期故障点更准确,在工程实践中具有重要意义。

5.4.1　特征提取与指标构建

1. CEEMDAN 算法

EMD 作为时频分析领域的一个有效手段,常应用在非线性分析和非平稳信号的处理中[13]。在 EMD 中,一个信号可划分为多个 IMF 分量和一个残差分量。但在分解过程中会产生模态混叠的现象,并伴随着有假分量产生。为解决 EMD 存在的问题,黄锷等人提出了 EEMD,通过在原始信号中加入高斯白噪声,白噪声的频谱均匀分布,使得信号会自动分布到合适的参考尺度上。由于零均值噪声的特性，噪声经过多次平均计算后会相互抵消，这样集成均值的计算结果就可以直接视作最终结果。但是 EEMD 在各种信号的分解中是彼此独立的，因此各种构造信号的分解结果往往会有差异性，使得 EEMD 在重构信号时会存在噪声残余[14][15]。为此，CEEMDAN 在此基础上做了进一步的改进，具体为：在每一次分解的余量中加入特定的白噪声，然后对所有分量做平均运算。CEEMDAN 从根本上解决了 EMD 模态混叠问题和 EEMD 重构误差问题[16]。其算法流程如图 5.13 所示。

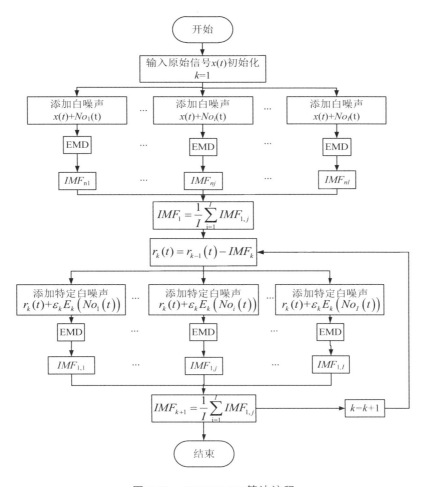

图 5.13　CEEMDAN 算法流程

具体步骤如下。

（1）假定原始信号 $x(t)$，将满足高斯分布的白噪声序列 $n(t)$ 与原始振动信号 $x(t)$ 叠加。

$$x_i(t) = x(t) + n_i(t) \tag{5.12}$$

（2）用 EMD 分解加入高斯白噪声的振动信号，获得 IMF_{ni} 分量。

（3）用 EEMD 分解得第一个模态分量：

$$IMF_1 = \frac{1}{I} \sum_{i=1}^{I} IMF_{ni} \tag{5.13}$$

（4）计算 $k=1$ （第一阶段）时第一个余量：

$$r_1(t) = r_0(t) - IMF_1 \qquad (5.14)$$

（5）由 $r_1(t) + \varepsilon_1 E_1(No_i(t)), (i=1,2,\cdots,I)$ 得到第一个模态分量，则第二个模态分量为：

$$IMF_2[n] = \frac{1}{I}\sum_{i=1}^{I} E_1(r_1(t) + \varepsilon_1 E_1(No_i(t))) \qquad (5.15)$$

（6）对于 $k=2,3,\cdots,K$ ，计算第 k 个余量：

$$r_k(t) = r_{k-1}(t) - IMF_k \qquad (5.16)$$

（7）分解 $r_k(t) + \varepsilon_k E_k(No_i(t))$ ， $(i=1,2,\cdots,I)$ 得到第一个模态分量，则第 $k+1$ 个模态分量可表示为：

$$IMF_{k+1} = \frac{1}{I}\sum_{i=1}^{I} E_1(r_k(t) + \varepsilon_k E_k(No_i(t))) \qquad (5.17)$$

（8）将 k 依次加1，返回步骤（6），重复步骤（6）~（8），直到残差余量极值小于3时终止分解。最终分解结果如下：

$$x(t) = \sum_{k=1}^{K} IMF_k + r_k(t) \qquad (5.18)$$

其中，IMF_k 为模态分量；$E_j(\cdot)$ 为信号通过 EMD 分解得到的第 j 个模态分量；$No_i(t)$ 为高斯白噪声，设待处理信号为 $x(t)$ 。

2. PSO 优化算法原理

PSO 优化算法一般用来解决具备高维空间约束的全局优化问题[17]。该算法的核心，是把每一次优化问题的解都作为搜寻空间中的一个粒子，并利用每一个适应度值来求出粒子的特性，包括速度、方位和适应度值等，再利用迭代引导粒子朝搜寻空间的最佳解方向运动[18]。在每一个迭代过程中，粒子根据下一个最优解或者全局最优预测解的方向而改变自己的速度和方位，再进行下一次迭代，每次迭代过程都需要重新计算粒子的适应度，更新最优解[19][20]。

粒子的更新公式如下：

$$\upsilon_{id}^{k+1} = \omega\upsilon_{id}^k + c_1 r_1(p_{id}^k - x_{id}^k) + c_2 r_2(p_{gd}^k - x_{id}^k) \qquad (5.19)$$

$$x_{id}^{k+1} = x_{id}^k + \upsilon_{id}^{k+1} \qquad (5.20)$$

式中，ω 为惯性因子，主要影响全局优化和局部优化的性能；c_1 和 c_2 为加速度常数，二者均影响学习步长，其中前者为个体学习因子，后者为社会学习因子；r_1 和 r_2 为分布于 [0.1] 之间的常数，数值可任意选取。p_{id} 是第 i 个粒子的历史最优位置，p_{gd} 为整个粒子群的历史最优位置。υ_{id} 是第 i 个粒子当前速度，对速度进行限定有 $\upsilon_{id} \in [-V_{max}, V_{max}]$ ，当 $\upsilon_{id} > V_{max}$ 时，取 $\upsilon_{id} = V_{max}$ ，当 $\upsilon_{id} < -V_{max}$ 时，取 $\upsilon_{id} = -V_{max}$ ；x_{id} 为粒子的当前位置，对位置进行限定有 $x_{id} \in [-X_{max}, X_{max}]$ ，当 $x_{id} > X_{max}$ 时，取 $x_{id} = X_{max}$ ，当 $x_{id} < -X_{max}$ 时，取 $x_{id} = -X_{max}$ 。

5.4.2 实验过程与结果分析

本节提出了一种基于 CEEMDAN 和 PSO-OCSVM 对滚动轴承退化性能评估，使用 CEEMDAN 能量熵提取正常轴承振动信号的特征信息，利用 PSO 算法优化 OCSVM 模型中关键参数 v 和核函数参数 g，可调参数 v 确定总样本中分错样本数量的上限，核函数参数 g 主要反映训练样本数据的范围特性，直接影响模型的学习能力，通过优化后的参数来提升模型实用性和有效性。取无故障特征输入优化后的 OCSVM 模型进行训练，得到最优超平面，然后提取全部样本 CEEMDAN 能量熵特征信息，计算全部样本特征信息到超平面的距离 DI，将此距离作为轴承退化指标，绘制轴承退化曲线。整体训练的评估流程如图 5.14 所示。

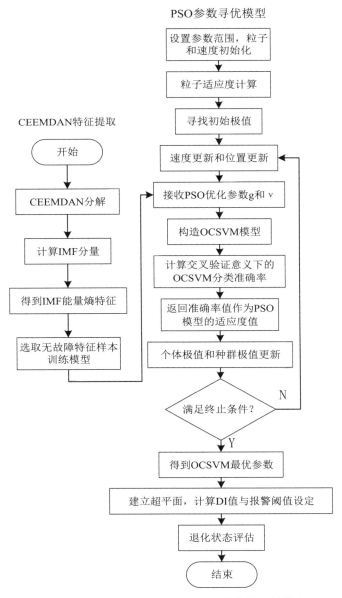

图 5.14 CEEMDAN 和 PSO-OCSVM 的整体训练流程

本节所有实验数据均采用辛辛那提大学的全寿命周期数据，采用轴承 1 的外圈故障数据包。使用 CEEMDAN 算法对滚动轴承振动信号进行分解，并计算每个 IMF 对应的能量，将每个能量除以总能量，得到能量熵特征。由于每组数据的前 13 个 IMF 能量熵幅值较高，第 13 个以后的幅值很小，因此选取每组数据的前 13 个 IMF 能量熵，全寿命数据构成 984×13 的矩阵，作为性能退化评估的特征。

根据上述提取的轴承特征，得到 984×13 特征矩阵如图 5.15 所示，然后用前 100 组无故障的轴承特征数据输入 OCSVM 训练，用全寿命轴承特征数据作为测试集，通过测试集对训练所得模型进行评估。

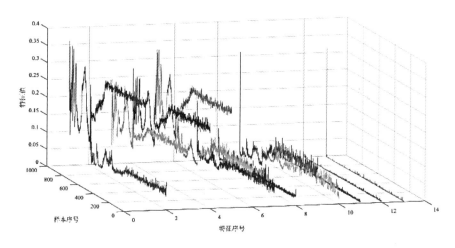

图 5.15　选取前 13 个的特征图

图 5.16 所示为 PSO 适应度值变化曲线，设置 PSO-OCSVM 模型中 $c_1 = 1.5$，$c_2 = 1.7$，种群数量为 20，进化代数为 50，采取五折交叉验证方式求取 OCSVM 的分类准确率，通过迭代寻优，得到最优参数为 $\upsilon = 0.207\,08$、$g = 90.1643$。

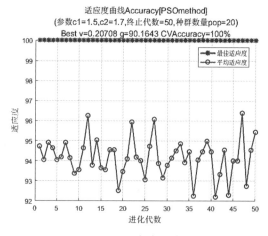

图 5.16　PSO 适应度值变化曲线

由 CEEMDAN 能量熵特征提取并构建退化指标，根据 PSO-OCSVM 模型得到的退化指标特征绘制轴承的退化曲线，如图 5.17 所示。

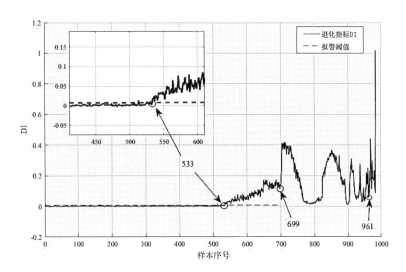

图 5.17　CEEMDAN 和 PSO-OCSVM 的轴承性能退化曲线

　　从图 5.17 可以得到，轴承退化指标 DI 在 0～532 个样本点期间变化较为平缓，除了较小的上下波动外并无剧烈变化；从 533 个样本点起，DI 值开始超过报警阈值，表现为开始出现故障且故障逐渐加深；在 699 个样本点时，DI 值开始剧烈变化，呈现出陡然上升趋势，且后续曲线呈现出无规律的上下波动趋势，且变化幅度较大，此阶段一般称为"严重故障"阶段；直至在第 961 个样本点轴承出现直线上升的趋势，说明轴承已完全失效。

　　为进一步体现出所提方法的优越性，与采用 SVDD 模型作为评估模型的方法进行实验对比，为了保证实验效果的一致性和可对比性，两种方法均采用相同数据、相同实验组数与特征，其中 CEEMDAN-SVDD 描绘的轴承退化曲线如图 5.18 所示。

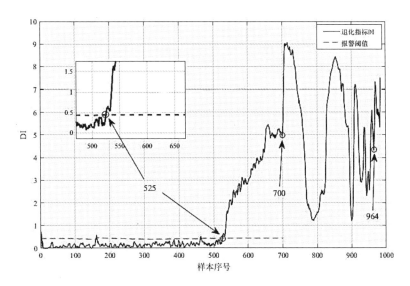

图 5.18　CEEMDAN-SVDD 的轴承性能退化曲线

对比图 5.17 与图 5.18 可以发现，两种方法均在相同的阶段识别到轴承故障，各阶段的退化时间也几乎趋于一致。值得注意的是，基于 SVDD 的退化性能评估模型在识别早期故障点方面表现较差，具体表现为比实际情况提前了 8 组数据，每组数据采集间隔时间是 10 imn，8 组数据就是 80 min。而且，在轴承故障磨损期，基于 SVDD 的退化性能评估模型并没有图 5.17 中基于 PSO 优化的 OCSVM 退化性能评估模型表现好，其性能退化曲线表现得过于平滑。综合以上情况可以说明，PSO 优化的 OCSVM 模型在轴承性能退化评估上表现出更好的准确性。

提取原始振动信号 CEEMDAN 能量熵特征，组成特征矩阵，结合 OCSVM 绘制轴承性能退化曲线，如图 5.19 所示。从图 5.19 可以看出，DI 值在 534 个样本点处超过了设置的报警阈值，然后在 700 个样本点处曲线出现直线上升的趋势；在 700~964 个样本点之间出现反复的比较大的磨损，之后曲线上升很快，但是也出现了比较大的回落，且在前期的轴承"正常阶段"与报警阈值曲线并不容易区分开。相比于图 5.17，虽然整体趋势一致，但其前期退化曲线更难区分，后期轴承完全故障阶段的 *DI* 值不应该有太大的回落。

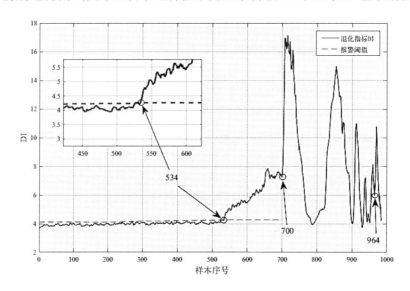

图 5.19　CEEMDAN-OCSVM 的轴承性能退化曲线

5.4.3　结果验证

本文采用 CEEMDAN 和 Hilbert 包络解调的方法对模型结果进行验证，其具体步骤如下：

（1）将轴承振动信号进行 CEEMDAN 分解，得到一系列从高频到低频的 IMF 分量。

（2）分别求出每个 IMF 分量与原始信号的相关系数和峭度系数，筛选出相关系数大于 0.3 和峭度系数大于 3 的 IMF 分量。

（3）将经过筛选的 IMF 分量进行叠加重构，得到重构信号。

（4）将重构信号作 Hilbert 变换处理，从而得到其包络信号。

（5）将包络信号作傅里叶变换处理，进而求得其包络谱。

（6）观察是否出现与轴承理论故障特征频率相近的包络谱幅值，从而得出诊断结果。

对第 532 个样本和第 533 个样本采用 CEEMDAN 和 Hilbert 包络解调，其结果如图 5.20 和图 5.21 所示。

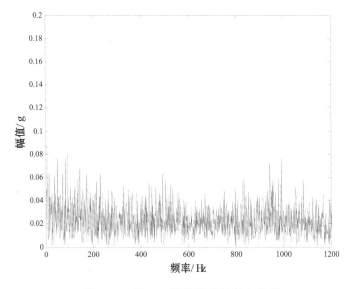

图 5.20 第 532 组数据文件的包络谱

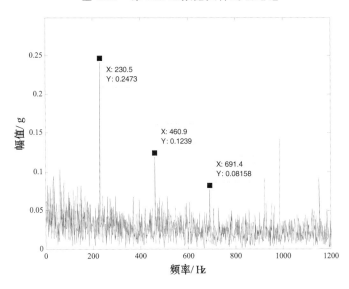

图 5.21 第 533 组数据文件的包络谱

从图 5.21 可以看出，在第 533 个时刻时，可以看出在频率为 230.3 Hz 时有一个很明显的谱峰，而在其倍频 460.9 Hz 和 691.4 Hz 时也有明显的峰值，与实验结果中滚动轴承 1 的外圈故障频率 236.4 Hz 很接近，第 533 个样本之后有明显的谱峰，且在其倍频时也有明显的峰值。对第 532 个样本之前的包络谱分析如图 5.20 所示，可以看出，图中没有明显的谱峰，而在第 532 个样本之前也没有明显的谱峰，所以推测轴承 1 在第 533 个样本开始发生外圈故障，试验结果与分析结果一致，故验证该模型有准确性与可行性。

本章参考文献

[1]   周建民，尹文豪，游涛，等. 数据驱动下的滚动轴承性能退化评估研究综述[J]. 现代制造工程，2021，（05）：146-153+160.

[2]   王发令. 轴承性能退化评估的特征评价及模型构建[D]. 南昌：华东交通大学，2020.

[3]   周建民，李家辉，尹文豪，等. 基于 CEEMDAN 和 PSO-OCSVM 的滚动轴承性能退化评估[J]. 电子测量与仪器学报，2021，35（07）：194-201.

[4]   周建民，王发令，张臣臣，等. 基于特征优选和 GA-SVM 的滚动轴承智能评估方法[J]. 振动与冲击，2021，40（04）：227-234.

[5]   "Bearing Data Set" in NASA Ames Prognostics Data Repository[EB/OL]. [2015, 06, 15]. http: //ti.arc.nasa.gov/project/prognostic-data-repository.

[6]   J B Ali, N Fnaiech, L Saidi, et al. Application of empirical mode decomposition and artificial neural network for automatic bearing fault diagnosis based on vibration signals [J]. Applied Acoustics, 2015, 89(3): 16-27.

[7]   Jardine A K S, Lin D, Banjevic D. A review on machinery diagnostics and prognostics implementing condition-based maintenance[J]. Mechanical Systems and Signal Processing, 2006, 20(7): 1483-1510.

[8]   Fan Q, Ikejo K, Nagamura K, et al. Application of statistical parameters and discrete wavelet transform to gear damage diagnosis[J]. Journal of Advanced Mechanical Design, Systems, and Manufacturing, 2014, 8(2).

[9]   石志炜，张丽萍. 基于改进小波包阈值降噪的滚动轴承故障分析[J]. 计算机测量与控制，2019，27（05）：64-69.

[10] 黄南天，张书鑫，蔡国伟，等. 采用 EWT 和 OCSVM 的高压断路器机械故障诊断[J]. 仪器仪表学报，2015，36（12）：2773-2781.

[11] 张子迎，潘思辰，王宇华. 基于单类支持向量机的工业控制系统入侵检测[J]. 哈尔滨工程大学学报，2022，43（07）：1043-1050.

[12] 张臣臣. 基于深度降噪自编码的轴承性能退化状态识别[D]. 南昌：华东交通大学，2020.

[13] 周建民，黎慧，张龙，等. 基于 EMD 和逻辑回归的轴承性能退化评估[J]. 机械设计与研究，2016，32（05）：72-75+79.

[14] 周建民，徐清瑶，张龙，等. 结合小波包奇异谱熵和 SVDD 的滚动轴承性能退化评估[J]. 机械科学与技术，2016，35（12）：1882-1887.

[15] 施杰，伍星，刘韬. 基于 MPDE-EEMD 及自适应共振解调的轴承故障特征提取方法[J]. 电子测量与仪器学报，2020，34（09）：47-54.

[16] 周建民，余加昌，张龙，等. 结合 CEEMDAN 和灰度关联分析方法的滚动轴承性能退化评估[J]. 华东交通大学学报，2019，36（05）：91-96.

[17] 尚雪梅,徐远纲. PSO 优化的最大峭度熵反褶积齿轮箱故障诊断[J]. 电子测量与仪器学报，2020，34（07）：64-72.

[18] Jun M, Jian D W, Yu G F, et al. Fault diagnosis of rolling bearing based on the PSO-SVM of the mixed-feature[J]. Applied Mechanics and Materials, 2013: 2617.

[19] 熊景鸣，潘林，朱昇，等. DBN 与 PSO-SVM 的滚动轴承故障诊断[J]. 机械科学与技术，2019，38（11）：1726-1731.

[20] 林雅慧，王海瑞，靖婉婷. 基于改进的 PSO 算法优化 FSVM 的滚动轴承故障诊断[J]. 计算机应用与软件，2018，35（11）：94-97+141.

基于支持向量数据描述的滚动轴承性能退化评估方法

6.1 引　言

　　滚动轴承影响大型工业机械设备系统的安全正常运行，所以定期检测滚动轴承的运行状况并对其性能退化程度进行评估有着重要的意义[1]。本章以滚动轴承为研究对象，进行性能退化评估方法的研究，提出变分模态分解、小波包符号熵、小波包奇异谱熵等特征信息提取方法以及和支持向量数据描述（Support Vector Data Description，SVDD）结合的滚动轴承性能退化评估方法，利用 SVDD 对数据异常点敏感的特性，通过所提取出的特征向量来进行性能退化评估，以待评估样本到训练所得超球体模型球心的距离作为描述性能退化程度的指标，并使用美国辛辛那提大学公布的滚动轴承全寿命周期数据验证方法的可行性。

6.2 支持向量数据描述方法

1. SVDD 的基本原理

　　SVDD 作为一种超球体分类方法，其主要思想是通过目标类样本来构建超球体区域，从而把非目标样本排除到超球体以外[2]，该模型的二维空间示意图如图 6.1 所示。

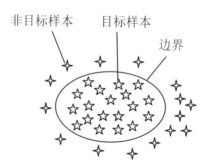

图 6.1　SVDD 的二维空间示意图

　　SVDD 方法具体描述为：定义一个半径为 r、球心为 o 的超球体，该超球体包含的目标类样本为 $Y = \{y_i, i = 1, 2, \cdots, M\}$，目标类样本的数目为 M，定义超球体的结构误差：

$$\varepsilon(o,r) = r^2 \tag{6.1}$$

定义各个样本点到球心 o 的距离的最小化约束条件为：

$$\|y_i - o\|^2 \leqslant r^2 \tag{6.2}$$

在滚动轴承全寿命数据的训练样本中，一般会存在少数偏离目标区域的样本，若超球体想要容纳所有的训练样本点，那么超球体的边界则会很大，所以在此情况下无法正确描述目标类边界的实际情况。引入松弛因子 ξ_i 可以让少量目标类样本分布在超球体外部，其最小化问题公式表达为：

$$\left.\begin{array}{l} \min \ \varepsilon(o,r,\xi) = r^2 + C\sum_{i=1}^{M}\xi_i \\ s.t. \ \|y_i - o\|^2 \leqslant r^2 + \xi_i \\ \xi_i \geqslant 0, \quad i = 1,2,\cdots,M \end{array}\right\} \tag{6.3}$$

式中，C 为惩罚参数。为了找到满足条件的超球体的最优解，需要引入拉格朗日乘子，而构造的拉格朗日方程如下：

$$\left.\begin{array}{l} L(o,r,\beta_i,\xi_i) = r^2 + C\sum_{i=1}^{M}\xi_i - \sum_{i=1}^{M}\beta_i[r^2 + \xi_i^2 - (y_i^2 - 2oy_i + o^2)] - \sum_{i=1}^{M}\gamma_i\xi_i \\ \beta_i \geqslant 0, \gamma_i \geqslant 0 \end{array}\right\} \tag{6.4}$$

在此式中，β 和 γ 都是拉格朗日乘子。我们可以对式（6.4）中的 r，o，ξ_i 求偏导，从而得出：

$$\left.\begin{array}{l} \sum_{i=1}^{M}\beta_i = 1, o = \sum_{i=1}^{M}\beta_i y_i \\ C - \beta_i - \gamma_i = 0 \end{array}\right\} \tag{6.5}$$

将式（6.5）代入式（6.4）中，可得到优化函数：

$$\max \ L = \sum_{i=1}^{M}\beta_i(y_i \cdot y_i) - \sum_{i,j}\beta_i\beta_j(y_i \cdot y_j) \tag{6.6}$$

由式（6.6）可知，若样本点在超球体外部，那么 $\beta_i=C$；若样本点在超球体内部，那么 $\beta_i=0$；若样本点在超球体的边界上面，那么 $0<\beta_i<C$。在超球体边界和外部的样本称为支持向量，并且将其定义为 y_s，那么定义超球体的球心为：

$$o = \sum_{i=1}^{M}\beta_i y_s \tag{6.7}$$

通过超球体边界上任意一个支持向量到球心 o 的距离，可以得到超球体半径：

$$r^2 = \|y_s - o\|^2 = (y_s \cdot y_s) + \sum_{i,j=1}^{M}\beta_i\beta_j(y_i \cdot y_j) - 2\sum_{i=1}^{M}\beta_i(y_i \cdot y_s) \tag{6.8}$$

若新样本 y_z 到超球体球心 o 的距离 d 满足条件式（6.9），则该样本为目标样本，若不满足，则为非目标样本。

$$d^2 = \|y_z - o\|^2 = (y_z \cdot y_z) + \sum_{i,j=1}^{M}\beta_i\beta_j(y_i \cdot y_j) - 2\sum_{i=1}^{M}\beta_i(y_i \cdot y_z) \leqslant r^2 \tag{6.9}$$

上述算法中，惩罚参数 C 是一个预先设定的参数，定义处于超球体外部的支持向量数目为 m_{out}，支持向量的总数目为 m，处于超球体外部的支持向量数目与所有样本的比例为 f_{out}，则计算支持向量数目的条件公式为：

$$m_{out} \cdot C \leqslant 1 \Rightarrow C \leqslant 1/(M \cdot f_{out}) \tag{6.10}$$

当 $C \geqslant 1$ 时，训练样本中不存在超球体外部的样本，因此，可以通过设置 f_{out} 来控制被错分样本和超球体容量之间的比例，f_{out} 称为惩罚率。

2. 核方法的基本原理

核方法是利用非线性函数 $\Phi(\cdot)$ 将原始空间映射到高维空间，再在高维空间中进行算法的设计。通常选择用核函数代替线性算法中的内积来实现非线性算法，即 $K(x_i, x_j) = \Phi(x_i) \cdot \Phi(x_j)$。其主要实现过程如图 6.2 所示。

图 6.2 核方法的实现过程

不同的非线性函数由不同的核函数确定，常用的核函数主要有如下几种。

（1）高斯核函数，表示如下（σ 为核参数）：

$$K_G(x, y) = \exp\left(-\frac{\|x - y\|^2}{\sigma^2}\right) \tag{6.11}$$

（2）多项式核函数，表示如下：

$$K_P(x, y) = (x \cdot y + 1)^c, \; c = 1, 2, \cdots \tag{6.12}$$

（3）线性核函数，表示如下：

$$K_L(x, y) = x \cdot y \tag{6.13}$$

3. 引入核函数的 SVDD 方法

在 SVDD 算法中引入核方法[3]，其主要步骤为：假设存在映射函数 $\Phi(y)$，将其代入 SVDD 算法的优化函数中，从而得到下式：

$$\max \; L = \sum_{i=1}^{M} \beta_i(\Phi(y_i) \cdot \Phi(y_i)) - \sum_{i,j}^{M} \beta_i \beta_j(\Phi(y_i) \cdot \Phi(y_j)) \tag{6.14}$$

超球体半径 r 由下式确定：

$$r^2 = (\Phi(y_s) \cdot \Phi(y_s)) + \sum_{i,j=1}^{M} \beta_i \beta_j(\Phi(y_i) \cdot \Phi(y_j)) - 2\sum_{i=1}^{M} \beta_i(\Phi(y_i) \cdot \Phi(y_s)) \tag{6.15}$$

判断新样本 y_z 是否为目标样本的条件变为：

$$d^2 = (\Phi(y_z) \cdot \Phi(y_z)) + \sum_{i,j=1}^{M} \beta_i \beta_j(\Phi(y_i) \cdot \Phi(y_j)) - 2\sum_{i=1}^{M} \beta_i(\Phi(y_i) \cdot \Phi(y_z)) \leqslant r^2 \tag{6.16}$$

可以观察到，核函数对 SVDD 算法的影响仅体现在内积变换中。故定义一个新函数：

$$K(y_i, y_j) = \Phi(y_i) \cdot \Phi(y_j) \tag{6.17}$$

式中，y_i 和 y_j 为变量，新定义的函数 $K(y_i, y_j)$ 即为核函数。将核函数代入式（6.14）~（6.16）中，从而得到式（6.18）~ 式（6.20）：

$$\max \ L = \sum_{i=1}^{M} \beta_i (K(y_i, y_i)) - \sum_{i,j}^{M} \beta_i \beta_j (K(y_i, y_j)) \tag{6.18}$$

$$r^2 = (K(y_s, y_s)) + \sum_{i,j=1}^{M} \beta_i \beta_j (K(y_i, y_j)) - 2\sum_{i=1}^{M} \beta_i (K(y_i, y_s)) \tag{6.19}$$

$$d^2 = (K(y_z, y_z)) + \sum_{i,j=1}^{M} \beta_i \beta_j (K(y_i, y_j)) - 2\sum_{i=1}^{M} \beta_i (K(y_i, y_z)) \leqslant r^2 \tag{6.20}$$

从式（6.18）~ 式（6.20）可以看出，引入的核函数能够直接完成由原始输入空间到高维空间的变换，增加的计算量主要在于核函数自身的计算，从而使计算时间大为减少。

在核函数的选择上，因为高斯核函数能更紧凑地描述目标数据，故而选择它作为融合 SVDD 方法的核函数。又由于 $KG(y, y) = \exp(0) = 1$，则式（6.18）变为：

$$\max \ L = 1 - \sum_{i,j}^{M} \beta_i \beta_j (K_G(y_i, y_j)) \tag{6.21}$$

式（6.20）也可以简化为：

$$d^2 = 1 + \sum_{i,j=1}^{M} \beta_i \beta_j (K_G(y_i, y_j)) - 2\sum_{i=1}^{M} \beta_i (K_G(y_i, y_z)) \leqslant r^2 \tag{6.22}$$

6.3 基于自适应 SVDD 的滚动轴承性能退化评估方法

6.3.1 基于熵度量的退化特征提取

1. 提升小波包变换原理

提升小波变换的步骤一般有两个，一个是分解，另一个是重构。在分解步骤中主要包括剖分、预测和更新三步，而重构步骤一般就是恢复更新、恢复预测和合并三步[4]。分解和重构的流程如图 6.3 所示。

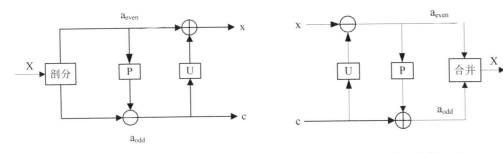

（a）提升小波分解过程　　　　　　（b）提升小波重构过程

图 6.3　提升小波变换过程

在小波变换的基础上提出提升小波包变换，以达到描述信号时可以更加精细、对时频局部化更加准确的效果。在提升小波包变换中，对每次分解得到的低频近似系数和高频细节系数同时进行重复剖分、预测和更新，即可实现指定分解层数的提升小波包分解，重构过程则刚好与分解过程相反，过程如图 6.4 所示。

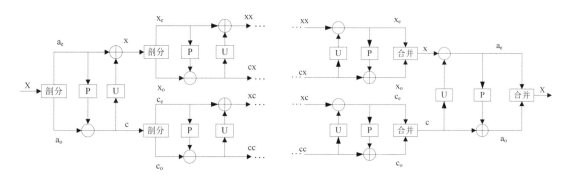

（a）提升小波包变换的分解　　　　　（b）提升小波包变换的重构过程

图 6.4　提升小波包变换过程

通过凯斯西储大学轴承数据中心[5]提供的实验数据，来验证提升小波包变换在轴承振动信号分析中的有效性。该实验台主要由三相感应电机、力矩传感器、联轴器、测功机和控制单元组成，驱动端的轴承是 SKF6205-2RS 型深沟球轴承，它的节径 D 为 39.04 mm，滚动体的数目是 9，滚动体的直径 d 是 7.94 mm，接触角是 90°。实验通过电火花加工技术在轴承上植入单一故障点来模拟单点故障，并通过加速度传感器采集驱动端轴承的振动信号，采样频率为 12 kHz。实验中采集了正常、内圈故障、外圈故障和滚动体故障 4 种类型的驱动端轴承数据，每种故障均包含有 3 种故障程度，故障点直径分别为 0.178 mm、0.356 mm、0.533 mm，深度均为 0.280 mm，取载荷为 0 时正常轴承和 3 种不同严重程度的内圈故障数据为例进行分析，其振动信号时域波形图如图 6.5 所示。

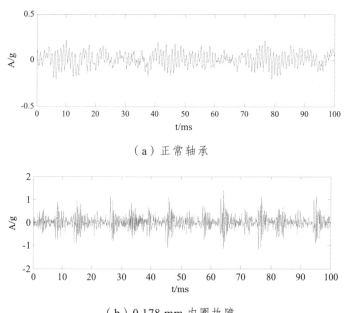

（a）正常轴承

（b）0.178 mm 内圈故障

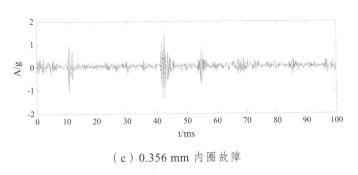

（c）0.356 mm 内圈故障

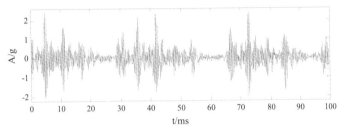

（d）0.533 mm 内圈故障

图 6.5　不同故障程度下的振动信号时域波形图

从时域波形图中可以看出，当轴承处于正常状态时，其振动信号的总体幅值很小，而当轴承出现内圈故障时，其振动信号的总体幅值均比正常轴承大得多，0.533 mm 内圈故障信号的总体幅值最大，这也说明了故障程度加深会致使振动信号的总体幅值增大。0.178 mm、0.356 mm 和 0.533 mm 内圈故障信号均出现了周期性冲击波形，其中 0.533 mm 内圈故障的周期性冲击波形最明显，这是因为滚动轴承受到损伤后，滚动体通过故障点时就会产生反复的冲击，从而使故障信号出现周期性振荡衰减冲击波形，故障程度越深，冲击便会越明显。

对 0.178 mm 内圈故障信号进行一层提升小波变换，重构后得到的近似信号如图 6.6 所示，细节信号如图 6.7 所示。从图中可以看出，重构后得到的近似信号和原始信号波形相似，而细节信号中的周期性冲击成分相较于原始信号却很明显，这说明重构后得到的细节信号能够清晰地揭示隐藏在故障信号中的周期性冲击成分。因此，提升小波分解能够将轴承出现故障时产生的周期性冲击故障特征提取出来。

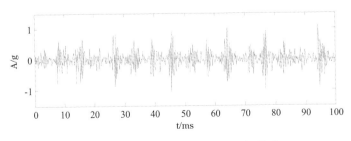

图 6.6　一层提升小波变换的近似信号

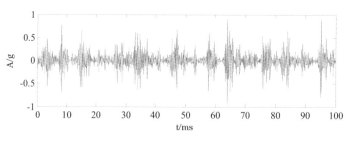

图 6.7　一层提升小波变换的细节信号

接下来以 3 层提升小波包变换为例, 对正常信号和不同程度的内圈故障信号进行分析。根据采样定理以及信号各频带与小波包分解树节点的对应关系, 当轴承振动信号的采样频率为 12 kHz 时, 信号的频带总范围为 0 ~ 6000 Hz, 3 层小波包分解后第 3 层各节点信号与各频带的对应关系分别为: 节点(3, 0)对应 0 ~ 750 Hz 频带, 节点(3, 1)对应 750 ~ 1500 Hz 频带, 节点(3, 2)对应 2250 ~ 3000 Hz 频带, 节点(3, 3)对应 1500 ~ 2250 Hz 频带, 节点(3, 4)对应 5250 ~ 6000 Hz 频带, 节点(3, 5)对应 4500 ~ 5250 Hz 频带, 节点(3, 6)对应 3000 ~ 3750 Hz 频带, 节点(3, 7)对应 3750 ~ 4500 Hz 频带。对 0.178 mm 内圈故障信号进行 3 层提升小波包分解后, 得到八个频带的重构信号, 如图 6.8 所示。

图中 c30、c31、…、c38 分别为第三层各个节点的重构信号, 且中高频带上局部信号的周期性冲击成分较明显, 而 0 ~ 1500 Hz 频带上的局部信号则很难看出周期性冲击成分, 这说明提升小波包变换具有较好的带通滤波功能, 可以凸显敏感频带中的故障特征信息。

在小波包变换中常, 用小波包节点能量来进行特征提取。假设信号的采样点数为 M, 分解层数为 i, 第 i 层第 j 个节点的小波包重构信号为 $c_{i, j}$, 重构信号第 k 个点的幅值为 x_k, 则第 i 层第 j 个节点的重构信号总能量可用下式表示:

$$EY_{i,j} = \sum_{k=1}^{M} |x_k|^2 \qquad (6.23)$$

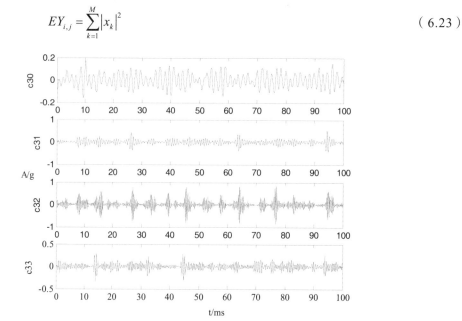

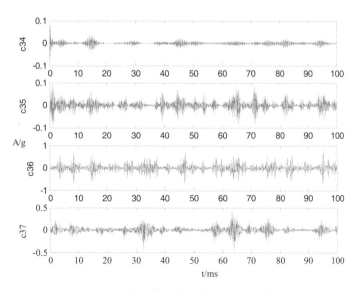

图 6.8　内圈故障信号的第三层重构信号

分别对 0.178 mm、0.356 mm 和 0.533 mm 内圈故障信号以及正常信号进行三层提升小波包变换后，提取其第三层各频段的归一化能量值，如图 6.9 所示。

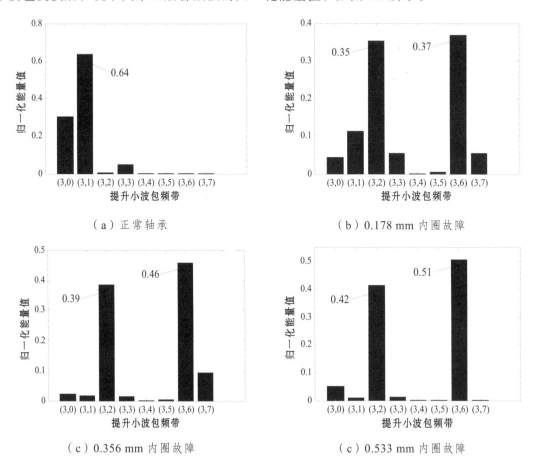

（a）正常轴承

（b）0.178 mm 内圈故障

（c）0.356 mm 内圈故障

（c）0.533 mm 内圈故障

图 6.9　4 种故障程度下振动信号的提升小波包能量

由图可知，正常轴承信号在节点(3, 1)中的提升小波包能量最大，其次为节点(3, 0)，这说明当轴承处于正常状态时，其振动信号的提升小波包能量主要分布在 0~1500 Hz 频段，即低频段。0.178 mm、0.356 mm 和 0.533 mm 内圈故障振动信号的提升小波包能量均集中在节点(3, 2)和节点(3, 6)，该频段为 2250~3750 Hz 频段。由此可得，当轴承出现内圈故障时，不管故障程度多大，其振动信号的提升小波包能量均集中于中、高频段。

取能量集中的频段进行分析，可以看出 0.178 mm、0.356 mm 和 0.533 mm 内圈故障振动信号，在 3000~3750 Hz 频段的提升小波包归一化能量值分别为 0.37、0.46、0.51，在 2250~3000 Hz 频段的提升小波包归一化能量值分别为 0.35、0.39、0.42。由此可得，随着故障程度的增大，能量集中频段的提升小波包能量也逐渐增大，这说明提升小波包变换能够有效提取反映轴承退化状态的特征。

2. 基于提升小波包奇异谱熵的退化特征提取

将提升小波包变换和奇异谱熵相结合，能够在时频空间中反映信号特征模式能量分布的复杂程度[5]。对振动信号进行提升小波包奇异谱熵特征提取的过程如图 6.10 所示。

图 6.10　提升小波包奇异谱熵特征提取流程

主要步骤如下。

（1）对轴承振动信号进行零均值化（即用原始信号减去其均值），再将处理后的信号进行 n 层提升小波包分解，得各个频带的提升小波包近似系数和细节系数。

（2）对各个频带的近似系数和细节系数进行重构，得到 $2n$ 个重构信号。

（3）对第 n 层重构信号进行奇异值分解，那么每个样本都可以得到 $2n$ 个奇异值，之后对这些奇异值进行归一化处理，最后可得到一系列的归一化奇异值谱。

（4）计算重构信号的奇异谱熵，从而得到 $2n$ 个提升小波包奇异谱熵值。

以凯斯西储滚动轴承故障数据中 0.178 mm、0.356 mm、0.533 mm 内圈故障信号和正常信号为例进行分析。分别截取 4 类信号的 102 400 个采样点，并都分为 50 组，这样每组信号的采样点数为 2048。对每组信号进行 3

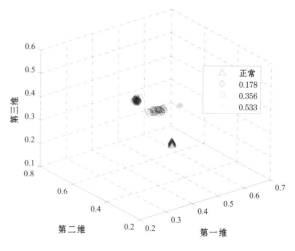

图 6.11　前三维散点图

层提升小波包变换，并提取其最后一层 8 个频带的提升小波包奇异谱熵，这样 4 类信号就分别构成了 50×8 维的特征矢量。对其前三维的特征矢量作散点图，如图 6.11 所示。

从图中可以看出，正常信号和三种不同严重程度的内圈故障信号的前三维特征能够被区分开，且区分得很明显，这说明提升小波包奇异谱熵对不同严重程度的故障比较敏感，也验证了提升小波包奇异谱熵在轴承退化特征提取中的有效性。

3. 基于提升小波包符号熵的退化特征提取

将提升小波包变换和符号熵相结合，能够在时频域中表征原始信号主要特征的不确定性程度，并且能较好地抑制噪声[7, 8]。对振动信号进行提升小波包符号熵特征提取的过程如图 6.12 所示。

图 6.12　提升小波包符号熵特征提取流程

主要步骤如下。

（1）对轴承振动信号进行零均值化，再将处理后的信号进行 n 层提升小波包分解，得到第 n 层各个频带的提升小波包分解系数。

（2）对各个频带的分解系数进行重构，得到 $2n$ 个重构信号。

（3）利用均值分割符号化方法对第 n 层各个频带的重构信号进行符号化，然后选取合适的字长 L 和时延 T，将符号序列编码为十进制数序列，再获取符号序列直方图，则每个样本均可得到 $2n$ 个符号序列直方图。

（4）计算各频带符号序列的修正 Shannon 熵，从而得到 $2n$ 个提升小波包符号熵。

以上文基于提升小波包奇异谱熵的退化特征提取的实验数据为例，对每组信号进行 3 层提升小波包变换后，提取最后一层 8 个频带的提升小波包符号熵（$T=5$，$L=10$）。对前三维的提升小波包符号熵作散点图，如图 6.13 所示。

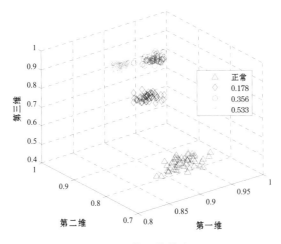

图 6.13　前三维散点图

从图中可以看出，正常信号和三种程度的内圈故障信号的前三维提升小波包符号熵能够被区分开，这说明提升小波包符号熵对不同程度的故障比较敏感，也验证了提升小波包符号熵在轴承退化特征提取中的有效性。

6.3.2　评估模型的建立

1. 模型建立

因为 SVDD 可以仅根据目标类样本来检测异常点，该特点很好地契合了滚动轴承的性能退化评估的需求。随着轴承性能的不断退化，轴承振动信号的特征将逐渐偏离正常值。因此，可利用正常轴承信号的特征作为正常样本建立 SVDD 模型，从而得到基准超球体，再计算待测数据的特征和基准超球体之间的广义距离，以此作为轴承性能退化的定量评估指标，即可实现对轴承实际退化过程的评估。基于 SVDD 的性能退化评估模型如图 6.14 所示。

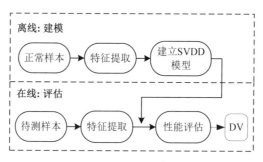

图 6.14　基于 SVDD 的性能退化评估模型

具体步骤如下。

（1）利用特征提取方法对离线的正常轴承信号进行特征提取，所得的特征矢量即为正常样本。

（2）将正常样本输入 SVDD 模型中进行训练，从而得到 SVDD 超球体，并求出该超球体的球心和半径。

（3）利用特征提取方法对在线的待测数据进行特征提取，从而得到待测样本。

（4）求待测样本到球心的广义距离 d，该距离即可反映出待测样本相比较于正常样本的偏离的程度。如果 $d>r$，表明待测样本属于故障样本；如果 $d \leqslant r$，表明待测样本属于正常样本。而且 d 越大，表明待测样本偏离正常样本越远，也就是轴承的退化的程度越大。后面可根据下式求出性能退化指标 DV：

$$DV = \begin{cases} 0, & d-r \leqslant 0 \\ (d-r)/r, & d-r > 0 \end{cases} \qquad （6.24）$$

由于 SVDD 算法中允许少量的野点存在，因此 DV 值在 0 附近且比较平稳即可表示轴承处于正常状态，而 DV 值明显增大则说明轴承开始退化，且 DV 值的不断增大表明轴承性能的恶化越来越严重。

在上述评估模型中，本节实验以提升小波包符号熵、提升小波包奇异谱熵这两个特征量作为轴承的退化特征，并构建基于"提升小波包奇异谱熵-SVDD"的性能退化评估方法和基于"提升小波包符号熵-SVDD"的性能退化评估方法。

2. 性能退化评估中 SVDD 参数的选取

由 6.2 节中的基本理论可知，在 SVDD 算法中有两个参数需要设置，即高斯核参数 σ 和惩罚率 f_{out}，这两个参数对评估结果有一定的影响，但是大部分学者都是根据自己的经验进行选取，而并未对其进行讨论。因此，本节先对这两个 SVDD 参数的选取进行讨论（以提升小波包奇异谱熵特征为例）。

以 50 个正常状态下的数据为例，对其进行 4 层提升小波包变换，并提取其第 4 层 16 个频带上的提升小波包奇异谱熵，从而得到 50 个 16 维的正常样本，设定核函数参数 σ 的取值变化范围为 0 ~ 1，变化步长为 0.01；惩罚率 f_{out} 的取值变化范围为 0 ~ 0.5，变化步长为 0.05，即在核函数参数每次递增 0.01、惩罚率每次递增 0.05 的情况下，以 50 个正常样本训练 SVDD 模型，从而得到不同的支持向量数目，最后的计算结果如图 6.15 所示。

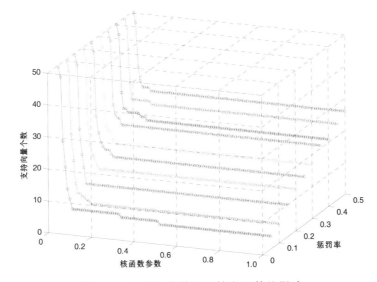

图 6.15　SVDD 参数对支持向量数的影响

从图中可以看出，当核函数参数在 0 ~ 0.6 范围内变化时，支持向量数可能会发生明显变化（如 f_{out}=0.05 时），而当核函数参数在 0.6 ~ 1 范围内变化时，无论惩罚率取值为多少，支持向量数都基本上保持不变，这说明此时产生了稳定的超球体。

当核函数参数固定时，随着惩罚率的增大，支持向量数也会增多。这主要是因为惩罚率越大，SVDD 模型能够容忍的野点越少，对超球体的约束也就越严格，从而使支持向量数增多。

在轴承性能退化评估当中，我们希望建立的模型可以相对稳定，因此需要放宽对模型的约束力度。这也就是说，我们需要构建一个超球体保持相对稳定情况下的模型。那么就需要考虑在选择惩罚率时，不可以产生过多的支持向量。因此，可令 σ=1，f_{out}=0.1，从而使得建立的 SVDD 模型相对宽松和稳定。

3. 提升小波包符号熵参数的选取

提升小波包符号熵中，时延 T 和字长 L 的设定对评估结果有一定的影响，在此选取

不同的 T 和 L 来提取提升小波包符号熵，并对轴承进行性能退化评估。当 T=3、L 取不同值时，得到的评估结果如图 6.16 所示；当 L=5、T 取不同值时，得到的评估结果如图 6.17 所示。

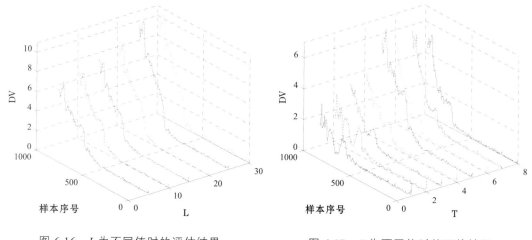

图 6.16　L 为不同值时的评估结果　　　图 6.17　T 为不同值时的评估结果

从图 6.16 可以看出，随着 L 的增大，提升小波包符号熵会越来越趋近统计复杂性，轴承复杂的退化趋势也越来越明显，但 L 太大会使得空间存储量增大，计算效率降低。因此，选取 L=15，此时轴承的退化趋势已比较明显。从图 6.17 中可以看出，T=5 时轴承的退化趋势已变得很明显，评估效果较好，因此取 T=5。由上述分析可知，合适的字长 L 和时延 T 能够清晰地刻画轴承的退化趋势。

6.3.3　基于自适应 SVDD 的评估结果

针对上节所提退化特征提取方法，进行了三组实验来进行滚动轴承性能退化状态的验证，所选实验数据皆为第 5 章所介绍的辛辛那提轴承全寿命数据。

1. 基于提升小波包奇异谱熵-SVDD 的性能退化评估

一开始选择前 200 个普通正常状态下的文件数据，先进行 4 层的提升小波包分解，之后求得每个重新构建信号的奇异谱熵，从而得到 200×16 的提升小波包奇异谱熵的特征矩阵，之后使用该矩阵建立正常状态下的 SVDD 模型。将轴承全寿命周期里面的 984 个数据文件全作待测数据，提取它的提升小波包奇异谱熵作待测样本，可以求每个待测样本到超球体中心的广义距离，进而求得轴承全寿命周期内的 DV 值。由时序分析理论可知，系统任意时刻的输出在一定程度上是由前几个时刻的输出决定的。依据该理论可对 DV 值进行 5 点平滑处理，即取 $DV(t)=\text{mean}(DV(t-N_d+1:t))$，mean 表示求均值，$N_d$=5，如此处理便可削弱某一时刻干扰对 DV 值造成的影响。对 DV 值进行五点平滑后如图 6.18 所示。

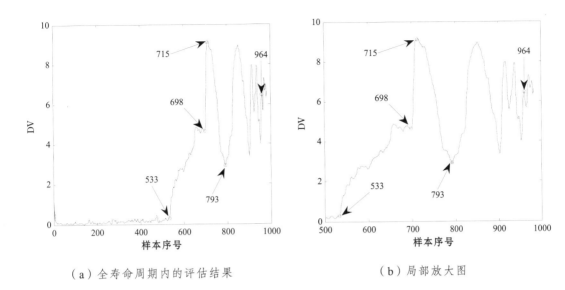

（a）全寿命周期内的评估结果　　　　　　（b）局部放大图

图 6.18　基于提升小波包奇异谱熵和 SVDD 的评估

由图 6.18 可知，在第 533 个样本时刻，DV 值出现明显的急剧增大，这表明轴承开始出现早期的故障，而且故障在慢慢加重。在 698 个样本时刻之后 DV 值迅速增大，到第 715 个样本时刻，DV 值开始出现明显的大幅度下降，之后开始出现大幅度波动，这表明在第 698 个样本时刻故障急剧地加深，慢慢地在第 715 个样本时刻开始磨平，并且在后面的阶段反复加深磨平，轴承开始出现大程度的恶化。从第 964 个样本时刻开始 DV 值的变化幅度很小，这表面在第 964 个样本时刻之后轴承已临近失效。

2. 基于提升小波包符号熵-SVDD 的性能退化评估

选取前 200 个正常状态下的数据文件，对每个数据文件进行 4 层提升小波包的分解，进而得到第 4 层 16 个频带上的重构信号。然后分别对这些重构信号进行符号时间序列分析，再求取重构信号的符号熵，这样就构建了 200×16 的提升小波包符号熵特征矩阵，进而利用该矩阵建立正常状态下的 SVDD 模型（$T = 5$，$L = 15$）。然后将轴承全寿命周期内的 984 个数据文件全部作为待测数据，提取其提升小波包符号熵作为待测样本，最后求出滚动轴承全寿命周期的 DV 值，再对得到的 DV 值进行五点平滑处理，得到的图像如图 6.19 所示。

从图 6.19 可以看出，在第 533 个样本时刻之后 DV 值开始逐渐增大，说明从第 533 个样本时刻开始轴承出现了早期故障，且逐渐加深。在第 696 个样本时刻之后，DV 值开始急剧增大，增大到一定值后开始减小，后又增大，这说明轴承故障在急剧加深后又渐渐磨平，并且在此之后反复加深并磨平，轴承工作状态逐渐恶化。在第 960 个时刻之后，DV 值不再有大幅度增大，说明此时轴承已临近失效。

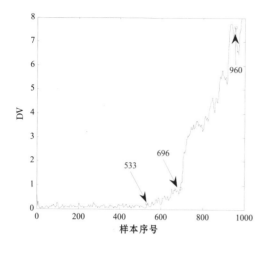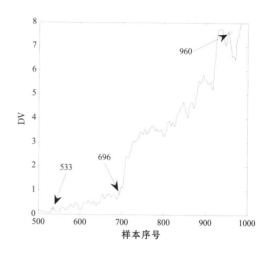

（a）全寿命周期内的评估结果　　　　　　　　（b）局部放大图

图 6.19　基于提升小波包符号熵和 SVDD 的评估结果

3. 基于自适应 SVDD 的轴承性能退化评估

选取前 20 个正常状态下的数据文件，提取其提升小波包奇异谱熵，从而构建了 20×16 的输入矢量。然后利用自适应 SVDD 算法对后续待测样本（即待测数据的提升小波包奇异谱熵）建立自适应 SVDD 模型，最后求出滚动轴承全寿命周期的 DV 值，再对得到的 DV 值进行五点平滑处理，得到的图像如图 6.20（a）所示。基于提升小波包符号熵和自适应 SVDD 的评估图像如图 6.20（b）所示。

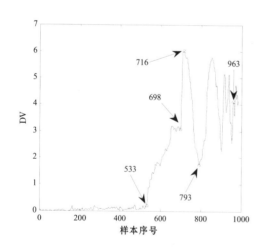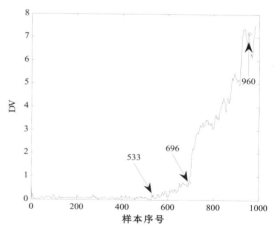

（a）以提升小波包奇异谱熵为特征　　　　　　（b）以提升小波包符号熵为特征

图 6.20　基于自适应 SVDD 的评估结果

由此可知，基于自适应 SVDD 的轴承性能退化评估方法，能够在训练样本数很少的情况下，通过 SVDD 的自适应训练，取得和大量训练样本同样的评估效果。此外，自适应 SVDD 模型因大量在线正常样本的加入而不断更新，这样能够建立更具适应性的 SVDD 模型。

综上所述，本节提出的评估方法能够较为精准地检测早期发生的故障，并且对噪声的鲁棒性也较强，而且能较好地将轴承的性能退化过程分为正常、早期故障出现且逐渐加深、故障急剧恶化和临近失效 4 个阶段。但对于在线监测来说，能够较准确地检测到早期故障并能较好地反映整个性能退化过程是其主要目的，因此本节所提 3 个方法都是行之有效的评估方法，为后面滚动轴承的性能退化评估提供了 3 种思路。

此外，在实际应用中，常用一些无量纲时域统计参数来对设备的运行状态进行监测，其中，均方根值和峭度指标是最常用的监测指标[9]。滚动轴承全寿命周期内，均方根值变化情况如图 6.21 所示。

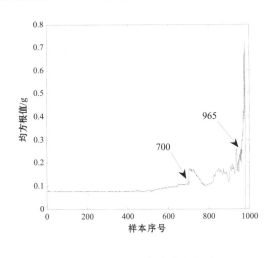 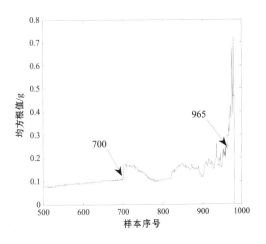

（a）全寿命周期内的均方根值　　　　　　（b）局部放大图

图 6.21　均方根值的变化情况

由图 6.21 可知，使用均方根值进行监测得到的早期故障点为第 700 个样本时刻，与基于提升小波包奇异谱熵-SVDD 的评估结果相比滞后了 167 个样本时刻（即滞后了 1670 min）。在急剧恶化阶段（700~964 个样本时刻），均方根值也出现了反复增大并减小的情况，这说明该阶段的轴承故障确实存在反复加深并磨平的情况，而且均方根值的变化剧烈程度不够明显，在对轴承进行性能退化评估时不具有优势。

再分析轴承全寿命周期内的峭度指标变化情况，对其进行五点平滑处理后如图 6.22 所示。

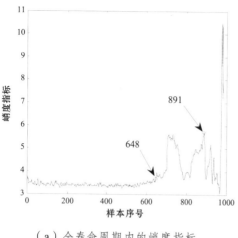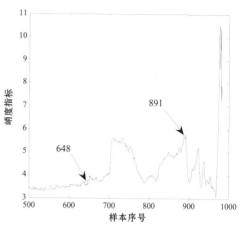

（a）全寿命周期内的峭度指标　　　　　（b）局部放大图

图 6.22　峭度指标的变化情况

由图 6.22 可知，峭度指标能监测到的最早故障点为第 648 个样本时刻，与均方根值相比提前了 52 个样本时刻（即 520 min），但比基于提升小波包奇异谱熵-SVDD 的性能退化评估方法滞后了 115 个样本时刻（即滞后了 1150 min）。而且峭度指标从第 891 个样本时刻开始一直处于下降的趋势，这说明峭度指标也不能较好地反映轴承故障的恶化过程。

进一步分析基于时域统计特征-SVDD 的评估结果。将均方根值、方根幅值、峰值指标、脉冲指标、裕度指标和峭度指标这 6 个时域统计参数作为特征，由于这 6 个统计参数量纲不一致，所以应先进行归一化处理。然后选取前 200 个正常样本构建 200×6 的时域特征矩阵，进而利用该矩阵建立 SVDD 模型，最后求得全寿命周期内的 *DV* 值，对其进行五点平滑处理后如图 6.23 所示。

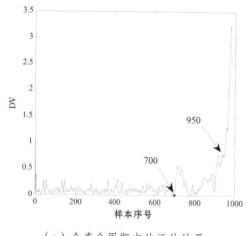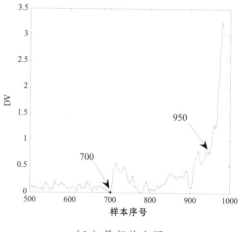

（a）全寿命周期内的评估结果　　　　　（b）局部放大图

图 6.23　基于时域特征和 SVDD 的评估结果

由图 6.23 可知，基于时域特征-SVDD 的评估方法得到的评估结果在正常阶段出现了一些尖峰干扰，这说明该方法对噪声的鲁棒性不强，而且评估结果和均方根值一样，也是在第 700 个样本时刻才检测到早期故障。由此可知，基于时域特征-SVDD 的性能退化评估方法的评估效果较差。

6.4 结合 VMD 符号熵与 SVDD 方法的滚动轴承性能退化评估方法

6.4.1 变分模态分解方法

1. VMD 分解原理

VMD 是一种信号自适应分解方法[10]，它通过将输入信号分解成若干个具有稀疏特性的模态分量来表示原始数据的特性。其理论基础是建立在经典维纳滤波、希尔伯特变换和频率混合的变分问题求解过程上的，具体的分解步骤的原理为：

（1）维纳滤波[11]。

将原始信号 $f(t)$ 和零均值高斯白噪声组成信号 $f_o(t)$：

$$f_o(t) = f(t) + \eta \qquad (6.25)$$

再用 Tikhonov 正则化来求解消除噪声后的原信号 $f(t)$，从而解决恢复信号时的逆问题：

$$\min_f \{ \|f - f_o\|_2^2 + \alpha \|\partial_t f\|_2^2 \} \qquad (6.26)$$

通过欧拉-拉格朗日方程将信号表示在傅里叶域为：

$$\hat{f}(\omega) = \frac{\hat{f_o}}{1 + \alpha \omega^2} \qquad (6.27)$$

式中，$\hat{f}(\omega) = F\{f(\cdot)\}(\omega) = 1 / \sqrt{2\pi \int_R f(t) e^{-j\omega t} dt}, j^2 = -1$ 是 $f(t)$ 的傅里叶变换。显然，在 $\omega = 0$ 周围选择输入信号 $f_o(t)$，f 是一个低频窄带宽信号，α 是白噪声的方差，$1/\omega^2$ 是信号的低通功率谱。

（2）希尔伯特变换[12]。

希尔伯特是一个全通滤波器，其传递函数为：

$$\hat{h}(\omega) = -j \operatorname{sgn}(\omega) = -j\omega / |\omega| \qquad (6.28)$$

可以看出，希尔伯特变换在频域内是乘法算子，其对应的脉冲响应为：

$$h(t) = 1 / (\pi t) \qquad (6.29)$$

H 为线性时不变算子，信号 $h(t)$ 的希尔伯特变换 $Hh(t)$ 可由卷积积分的柯西主值（$p.v.$）表示为：

$$Hf(t) = \frac{1}{\pi} p.v. \int_R \frac{f(v)}{t - v} dv \qquad (6.30)$$

假设 $f(t)$ 是一个实值信号，其复数解析信号定义为：

$$f_A(t) = f(t) + jHf(t) = A(t) e^{j\phi(t)} \qquad (6.31)$$

式中，$\mathrm{e}^{j\phi(t)}$ 是复数信号在时域旋转的相量描述，$\phi(t)$ 表示相位，$A(t)$ 为实数包络函数。定义 $\omega(t) = \mathrm{d}\phi(t)/\mathrm{d}t$，对于各 IMF 信号分量，当幅值 A_K 变化慢时，解析信号可表达为：

$$u_{k,A}(t) = A_k(t)(\cos(\phi(t))) = A_K(T)\mathrm{e}^{j\phi(t)} \tag{6.32}$$

此外，由于解析信号的单边频谱仅仅由非负频率组成，那么可以通过求解析信号的实部方便地恢复出原始信号：

$$f(t) = R\{f_A(t)\} \tag{6.33}$$

（3）频率混叠和外差解调[13]。

频率混叠是将两个信号非线性地结合在一起的过程，因此在输出引入了交叉频率项。最简单的混频器是将频率分别为 ω_1 和 ω_2 的两个实信号相乘，则对应在输出就产生了 $\omega_1 - \omega_2$ 和 $\omega_1 + \omega_2$ 的混合频率，这可以由如下三角恒等式简单阐明：

$$2\cos(\omega_1 t)\cos(\omega_2 t) = \cos((\omega_1 + \omega_2)t) + \cos((\omega_1 - \omega_2)t) \tag{6.34}$$

将各解析信号混合起来：

$$\mathrm{e}^{j\omega_1 t}\mathrm{e}^{j\omega_2 t} = \mathrm{e}^{j(\omega_1 + \omega_2)t} \tag{6.35}$$

混合后的信号自动变成了"单频率"（由一个频率组成）。在傅里叶术语中，这个现象作为以下傅里叶变换对而闻名：

$$f_A(t)\mathrm{e}^{-j\omega_0 t} \overset{F}{\leftrightarrow} \hat{f}_A(\omega) * \delta(\omega + \omega_0) = \hat{f}_A(\omega + \omega_0) \tag{6.36}$$

其中，δ 为狄拉克广义函数；* 表示卷积。因此，用一个单纯的指数函数乘以解析信号，会导致简单的频率变化。

（4）变分模态分解[14]。

假设每个模态是具有中心频率的有限带宽，中心频率和带宽在分解过程中不断更新，VMD 分解是寻求 K 个估计带宽之和最小的模态函数 $u_k(t)$，模态之和为输入信号 f。通过以下方法确定每个模态函数的带宽：

首先，对每个模态函数 $u_k(t)$ 进行希尔伯特变换：

$$\left[\delta(t) + \frac{j}{\pi t}\right] * u_t(t) \tag{6.37}$$

融合每个模态的解析信号的预先估计中心频率，并在每个基频带调制相应的模态的频谱：

$$\left[\left(\delta(t) + \frac{j}{\pi t}\right) * u_t(t)\right]\mathrm{e}^{-j\omega_k t} \tag{6.38}$$

计算以上解调信号的梯度的平方 L^2 范数，估计出每个模态分量的带宽。对应的约束变分模型表达式为：

$$\begin{cases} \min\limits_{\{u_k\},\{\omega_k\}} \left\{\sum\limits_k \left\|\partial\left[\left(\delta(t) + \frac{j}{\pi t}\right) * u_t(t)\right]\mathrm{e}^{-j\omega_k t}\right\|_2^2\right\} \\ \sum\limits_{k=1}^{K} u_k = f \end{cases} \tag{6.39}$$

其中，$\{u_k\} = \{u_1, \cdots, u_k\}$ 为分解得到的 K 个 IMF 分量；$\{\omega_k\} = \{\omega_1, \cdots, \omega_k\}$ 为各分量的中心频率。

引入二次惩罚因子 α 和拉格朗日乘法算子 $\lambda(t)$，得出上述约束变分问题的最优解。扩展的拉格朗日表达式如下：

$$L(\{u_k\},\{\omega_k\},\lambda)=\alpha\sum_k\left\|\partial_t\left[\left(\delta(t)+\frac{j}{\pi t}\right)*u_t(t)\right]e^{-j\omega_k t}\right\|_2^2+\left\|f(t)+\sum_{k=1}^{K}u_k\right\|_2^2+\left\langle\lambda(t),f(t)-\sum_{k=1}^{K}u_k\right\rangle \quad (6.40)$$

利用交替方向乘子算法（Alternating Direction Method of Multipliers，ADMM）求取扩展的拉格朗日表达式的"鞍点"。具体实现步骤如下：

① 初始化 $\{\hat{u}_k^1\}$、$\{\omega_k^1\}$、$\hat{\lambda}^1$、n。

② 执行循环：$n=n+1$。

③ 对所有 $\omega\geqslant0$，更新 $\hat{u}_k$：

$$\hat{u}_k^{n+1}(\omega)\leftarrow\frac{\hat{f}(\omega)-\sum_{i<k}\hat{u}_k^{n+1}(\omega)-\sum_{i>k}\hat{u}_k^n(\omega)+\frac{\hat{\lambda}^n(\omega)}{2}}{1+2\alpha(\omega-\omega_k^n)^2},\quad k\in\{1,K\} \quad (6.41)$$

④ 更新 ω_k：

$$\omega_k^{n+1}\leftarrow\frac{\int_0^\infty\omega\left|\hat{u}_k^{n+1}(\omega)\right|^2d\omega}{\int_0^\infty\left|\hat{u}_k^{n+1}(\omega)\right|^2d\omega},k\in\{1,K\} \quad (6.42)$$

⑤ 更新 λ：

$$\hat{\lambda}^{n+1}(\omega)\leftarrow\hat{\lambda}^n(\omega)+\tau\left(\hat{f}(\omega)-\sum\hat{u}_k^{n+1}(\omega)\right) \quad (6.43)$$

⑥ 重复步骤②~⑤，直至满足迭代停止条件：

$$\sum_k\left\|\hat{u}_k^{n+1}-\hat{u}_k^n\right\|_2^2/\left\|\hat{u}_k^n\right\|_2^2<\varepsilon \quad (6.44)$$

结束迭代，得到 K 个 IMF 分量。

2. 符号熵

假设 $\{x_n\}$ 为齿轮振动信号经 VMD 分解得到的某一个 IMF 序列，则可通过式（6.45）将其转换为符号序列 $\{s_n\}$：

$$s_n=\begin{cases}1 & x_i>\bar{m}\\0 & x_i\leqslant\bar{m}\end{cases} \quad (6.45)$$

其中，$x_i\in\{x_n\}$；符号序列元素 $s_n\in\{0,1\}$；$\bar{m}$ 为 IMF 的均值。通过变换，IMF 序列 $\{x_n\}$ 被转换成了由 0 和 1 组成的符号序列 $\{s_n\}$。将 IMF 序列 $\{x_n\}$ 变换为 $\{s_n\}$ 后，还需要把 $\{s_n\}$ 截断为短符号序列，截断规则为：

$$\overline{S}(k)=(s(k),s(k+\tau),\cdots,s(k+(L-1)\tau)) \quad (6.46)$$

式中，L 为短符号序列长度；τ 为时延；$k=1,2,\cdots,N-(L-1)\tau$；N 为 IMF 序列的长度。对于同一个 IMF 分量来说，L 越小，编码基本单元就会越短，编码的位数就会越长，信号局部特征就越突出，反之亦然。

IMF 各序列具体的符号化过程如图 6.15 所示，根据上述符号序列转换规则，可以将图 6.24 中的 IMF 信号转换为符号序列 $S(i)$。假定 $L=3$、$\tau=1$，那么所构成的短序列则为 {110，100，001，011，110，101，010，101}，进而可得编码序列{6，4，1，3，6，5，2，5}。这样便可以通过分析编码序列中每种符号编码出现的频率，来体现 IMF 分量的信号特性[15]。

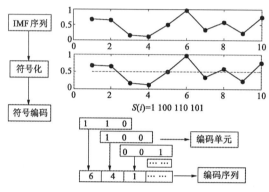

图 6.24　IMF 序列的符号化示例

由此，引入反映时间序列总体特征的信息熵，其改进后的熵值公式为：

$$H_s(L) = -\frac{1}{\log M} \sum P_{m,L} \ln(P_{m,L}) \tag{6.47}$$

其中，$H_s(L)$ 为短序列符号长度为 L 时的符号熵；$P_{m,L}$ 为短序列符号序列经二进制至十进制变换得到编码序列后，各个符号编码所对应的概率；M 为符号序列中出现的不同编码的总数。当且仅当某个编码出现的概率为 1 时，$H_s(L)=0$；若符号序列中各个编码出现的概率相等，则 $H_s(L)=1$。由此可知，$H_s(L)$ 越小，说明符号序列中某些模式出现的概率越大，序列的确定性程度也就越大，所以可以用 $H_s(L)$ 来表征 IMF 序列的不确定性程度。

3. 排列熵

排列熵算法是一种度量时间序列复杂性的方法[16]，其算法描述如下：

设一维时间序列表示如下：

$$X = \{x(1), x(2), \cdots, x(n)\} \tag{6.48}$$

采用相空间重构延迟坐标法，对 X 中任一元素 $x(i)$ 进行相空间重构，对每个采样点取其连续的 m 个样点，得到点 $x(i)$ 的 m 维空间的重构向量：

$$X_i = \{x(i), x(i+1), \cdots, x(i+(m-1)*l)\} \tag{6.49}$$

则序列 X 的相空间矩阵为：

$$X = (X_1 \cdots X_{n-m!+l})^{\mathrm{T}} \tag{6.50}$$

其中，m 和 l 分别为重构维数和延迟时间。

对 $x(i)$ 的重构向量 X_i 各元素进行升序排列，得到：

$$X_i = \left\{ x(i + (j_1 - 1)*l) \leqslant x(i + (j_2 - 1)*l) \right\} \leqslant \cdots \leqslant x(i + (j_m - 1)*l) \quad (6.51)$$

这样得到的排列方式为：

$$\{ j_1, j_2, \cdots, j_m \} \quad (6.52)$$

式（6.52）是全排列 $m!$ 中的一种，统计 X 序列各种排列情况出现的次数，计算每种排列情况出现的相对频率作为其概率 p_1、p_2、$\cdots$、$p_k (k \leqslant m!)$ 的值，计算序列归一化后的排列熵：

$$H = \left(-\sum_{i=1}^{k} p_i \cdot \lg p_i \right) \lg(m!) \quad (6.53)$$

4. VMD 符号熵特征指标的选择

在使用 VMD 方法进行原始数据信号分解前，一般需要先确定分解出的 IMF 分量的个数 K。若 K 值过大，则会引起模态混叠；过小则可能导致信号中的部分特征信息提取不完全[17, 18]。本节通过计算不同 K 值下的各 IMF 分量的中心频率来确定 K 的取值，测试结果如表 6.1 所示。

表 6.1　不同 K 值下的 IMF 分量中心频率

K	中心频率/Hz						
---	IMF1	IMF2	IMF3	IMF4	IMF5	IMF6	IMF6
2	29	4385					
3	29	3497	5836				
4	29	1880	4385	7749			
5	29	1880	4385	5836	7749		
6	29	1880	3497	4385	5836	8556	
7	29	985	3497	4266	4531	5836	8556

如表 6.1 所示，仅当 $K=6$ 时，各 IMF 分量的中心频率越来越接近；当 IMF 分量超过 6 时，信号表现出过分解风险；当 IMF 分量小于 6 时，各中心频率相差又过远，会导致信号的不完全提取。因此 VMD 模型的 IMF 分量选择 6。

6.4.2　特征评价

为了更好地比较各个分量符号熵的优劣程度，本节使用双样本 Z 值评估特征的差异。Z 值越大，说明区分正常样本与故障样本的能力越强，反之亦然。双样本 Z 值定义如下：

$$Z = \frac{\left| \bar{X}_1 - \bar{X}_2 \right|}{\sqrt{\dfrac{S_{X_1}^2}{n_1} + \dfrac{S_{X_2}^2}{n_2}}} \quad (6.54)$$

式中，n_1 和 n_2 为对应的样本数量；X_1 和 X_2 分别为轴承特征参数的特征值集合；$\bar{X}_1$、$\bar{X}_2$ 和 $S_{X_1}^2$、$S_{X_2}^2$ 分别为对应轴承状态特征值的均值和标准差。

选择故障轴承正常样本与早期故障各 50 个，计算其 IMF 分量符号熵的双样本 Z 值，结果如图 6.25 所示：

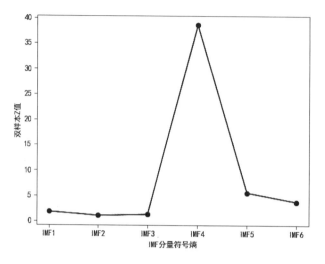

图 6.25　IMF 分量符号熵双样本 Z 值

6.4.3　性能退化评估流程

滚动轴承在全寿命周期工作过程中，其性能退化一般表现为从正常运行到出现早期故障，再从故障加深到完全失效。为了更清晰地表现轴承的性能退化程度，本节提出了结合 VMD 符号熵和 SVDD 的性能退化评估方法，其流程如图 6.26 所示。

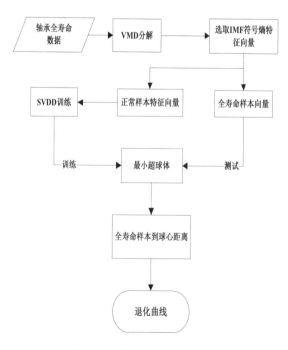

图 6.26　性能退化评估流程

从图 6.26 可以看出，结合 VMD 符号熵和 SVDD 的性能退化评估，首先要对轴承的全寿命周期数据进行特征提取，具体是使用 VMD 得到分解后的 IMF 信号，再提取双样本 Z 值最高的 IMF 分量符号熵作为特征指标。其次将全寿命数据中正常信号的综合特征指标作为目标样本进行训练，得到 SVDD 的最小超球体模型、超球体的球心 a 和球半径 R。最后将全寿命数据特征输入模型中，并计算特征综合指标与超球体球心之间的距离 d，进而得到性能退化指标 DI，依据 DI 值画出轴承的性能退化评估曲线。

6.4.4 实验结果分析

1. 基于 VMD 符号熵和 SVDD 的滚动轴承性能退化评估

根据所选取的 IMF 分量符号熵，可以分析出早期样本的符号熵大致不变，所以选择全寿命滚动轴承信号图的前 300 组样本进行 SVDD 训练，训练后所得超球体半径 $R=0.133$。将全寿命 984 组样本数据输入训练所得的超球体模型中，得到每个样本到球心的距离 D 的变化趋势，如图 6.27 所示。

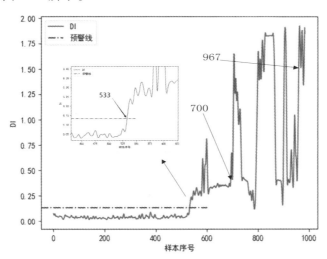

图 6.27　基于 VMD 符号熵性能退化评估曲线

从图 6.27 可以看出，从开始到 5320 min 期间，DI 值都是在预警线下面，这表明滚动轴承在此期间都正常工作，没有任何故障。但在 5330 min 时，DI 值开始超过预警线，这表明滚动轴承可能出现早期轻微的故障。到第 7000 min 时，DI 值开始出现比较剧烈的变化，表明此时滚动轴承开始出现比较严重的损坏。后面 DI 值变化基本没有任何规律，这说明此时滚动轴承遭受到了严重的破坏。最后到第 9670 min 不显示 DI 值，说明滚动轴承已经完全失效。

为了检测上述故障点检测的正确性，对上面的关键点数据做了包络线谱分析，并着重对其中的 5320、5330、7000 min 的振动数据进行了包络线谱分析，结果如图 6.28 和图 6.29 所示。在第 5330 min 时，出现了故障频率 230 Hz 的倍频（461 Hz，与本组实验轴承内圈故障频率相符），而在第 5320 min 中并没有显现出故障信号。这表明在第 5330 min

后出现第一次外圈故障问题。

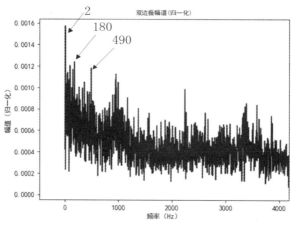

图 6.28   第 5320 min 包络谱

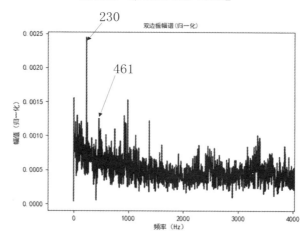

图 6.29   第 5330 min 包络谱

2. 基于 VMD 排列熵和 SVDD 的滚动轴承性能退化评估

为检验本节中所提符号熵相对于排列熵的优势，分别计算在不同 IMF 分量下熵的双样本 Z 值。选择以双样本中最大 Z 值为特征提取的主要依据，并通过运算，得出在 IMF 分量排序熵中的双样本 Z 值最大值为 31.34，与符号熵中的双样本 Z 值差为 7.22，由此可以说明符号熵的分辨力高于排序熵。

将排列熵中的双样本最大 Z 值作为输入特征向量，可得到滚动轴承性能退化评估曲线图，如图 6.30 所示。从图中可看出，排列熵与符号熵基本都可以识别早期的故障样本点，并且起伏变化的趋势也基本类似，但从图中可看出符号熵区分早期故障的能力要优于排列熵。

3. 基于 VMD 符号熵和 FCM 的滚动轴承性能退化评估

为了进一步说明所提方法的优越性，使用 FCM 模型作为对比模型，进行轴承的性能退化评估。同样地，选择全寿命周期正常运行状态和故障状态的 VMD 符号熵作为训练样本，得到两个聚类中心后，将全寿命周期中所有数据作为测试样本，再得到所有样本与正常样本特征的隶属度，将其作为性能退化评估指标 DI，得到性能退化评估曲线，结果如图 6.31 所示。

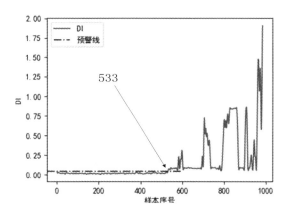

图 6.30　基于 VMD 排列熵性能退化评估曲线图

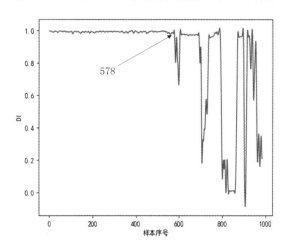

图 6.31　基于 FCM 排列熵性能退化评估曲线图

　　图 6.31 与图 6.30 中评估曲线的起伏变化趋势大致相同，这表明轴承从一开始运行到稳定后，性能退化曲线基本都是趋于平缓；而后面曲线出现的不稳定抖动，则表明轴承出现了故障；再到后面，曲线出现了剧烈的抖动，这表明轴承出现了比较严重的故障，且慢慢趋于失效。从图 6.31 可以看出，发现故障的最早时间为 5780 min，比实际工况中的 5330 min 足足晚了 450 min，说明 FCM 的预测结果与实际情况有一定的偏差。

　　上述对比实验，可以充分体现提出的基于 VMD 排列熵和 SVDD 的滚动轴承性能退化评估方法的特点与优势。

本章参考文献

[1] 周建民，郭慧娟，张龙. 一种融合型异常检测算法及其在轴承性能退化评估中的应用[J]. 制造技术与机床，2017，（10）：65-70.

[2] 周建民，徐清瑶，张龙，等. 结合小波包奇异谱熵和 SVDD 的滚动轴承性能退化评估[J]. 机械科学与技术，2016，35（12）：1882-1887.

[3] 林扬，何亚东，袁壮，等. 基于 PCA-SVDD 的化工过程异常工况检测[J]. 过程工程学报，2022，22（07）：970-978.

[4] 段晨东，何正嘉. 一种基于提升小波变换的故障特征提取方法及其应用[J]. 振动与冲击，2007，26（2）：10-13.

[5] Loparo K A. Case western reserve university bearing data center[J]. Bearings Vibration Data Sets, Case Western Reserve University, 2012: 22-28.

[6] 周建民，徐清瑶，张龙，等. 基于小波包 Tsallis 熵和 FCM 的滚动轴承性能退化评估[J]. 机械传动，2016，40（05）：110-115.

[7] 张龙，黄文艺，熊国良. 基于多尺度熵的滚动轴承故障程度评估[J]. 振动与冲击，2014，33（9）：185-189.

[8] 王凤利，赵德有. 基于提升小波和局域波的故障特征提取[J]. 仪器仪表学报，2010，31（4）：789-793.

[9] Zhou J M, Wang F L, Zhang C C, et al. Evaluation of Rolling Bearing Performance Degradation Using Wavelet Packet Energy Entropy and RBF Neural Network[J]. Symmetry, 2019, 11(8).

[10] 周建民，熊文豪，尹文豪，等. 结合 VMD 符号熵与 SVDD 的滚动轴承性能退化评估[J/OL]. 机械科学与技术，2022：1-8.

[11] Wu F, Yang W, Xiao L, et al. Adaptive wiener filter and natural noise to eliminate adversarial perturbation[J]. Electronics, 2020, 9(10): 1634.

[12] Boche H, Pohl V. Investigations on the approximability and computability of the Hilbert transform with applications[J]. Applied and Computational Harmonic Analysis, 2020, 48(2): 706-730.

[13] 唐敏敏，张静. 基于 MATLAB 的信号时域采样及频率混叠现象分析[J]. 电脑知识与技术，2016，12（13）：244-245.

[14] 王冉，后麒麟，石如玉，等. 基于变分模态分解与集成深度模型的锂电池剩余寿命预测方法[J]. 仪器仪表学报，2021，42（04）：111-120.

[15] 张豪，陈黎飞，郭躬德. 基于符号熵的序列相似性度量方法[J]. 计算机工程，2016，42（05）：201-206+212.

[16] 王贡献，张淼，胡志辉，等. 基于多尺度均值排列熵和参数优化支持向量机的轴承故障诊断[J]. 振动与冲击，2022，41（01）：221-228.

[17] 刘玉欣，田润澜，任琳，等. 基于峭度加权 VMD 和熵特征的雷达脉内调制识别 [J/OL]. 电讯技术，2022：1-9.

[18] 徐清瑶. 基于支持向量数据描述的滚动轴承性能退化评估[D]. 南昌：华东交通大学，2015.

【 第7章 】 >>>>

融合概率建模与边界距离的滚动轴承性能退化评估方法

7.1　引　言

在研究滚动轴承的退化性能时，由于从振动信号中提取出的特征在特征空间中的分布是随机的，因此其退化状态通常难以表达，而基于概率密度的性能退化评估方法可以用待测样本正常（或非正常）的概率来表示轴承所处的运行状态。在使用无故障训练数据进行概率密度建模时，需要将待测数据输入训练好的模型中，根据样本落入区域决定样本的去留，从而解决特征分布的随机性问题。本章选取了两种具有代表性的概率密度方法进行滚动轴承的性能退化评估，分别是高斯混合模型（Gaussian Mixture Model，GMM）和隐马尔科夫模型（Hidden Markov Model，HMM）。GMM 是一种半参数的概率密度估计方法，通过计算数据偏移程度判断轴承是否发生退化，并确定偏移程度[1][2]。HMM 是一种随机概率模型，可以描述马尔科夫链和变量状态关系这两个随机序列的过程，滚动轴承的性能可以通过采集的振动数据体现，符合 HMM 模型的本质，故 HMM 可用于滚动轴承的非平稳振动信号[3][4]。

此外，基于边界距离的性能退化评估方法使用训练数据集构建边界，然后通过待评估数据与边界的距离，确定其相对于无故障状态的类隶属，因此，也可以用来进行滚动轴承的性能退化评估，典型的边界方法有 SVM 和 SVDD 等[3]。本章选用了马氏距离、余弦欧式距离及模糊 C 均值这几种边界距离方法，对轴承的健康状态进行性能退化评估。

基于概率型的模型虽然能及时发现故障，但是容易饱和，也就是说，用该模型得到的退化曲线与实际有一定差距。虽然基于边界距离的模型退化趋势与实际的退化趋势一致，但不能及时发现早期故障[5][6]。基于这两种模型的缺点，本章提出基于融合概率建模与边界距离的滚动轴承性能退化评估方法，即 FCM-HMM、AANN-FCM、基于 HMM 和马氏距离、基于 GMM 和余弦欧氏距离几种模型。模型将概率建模得到的性能退化指标和边界距离得到的性能退化指标作为特征，输入边界距离模型中，得到一种新的性能退化指标，绘制性能退化曲线来观测模型的性能[7]。

7.2 基于概率建模的性能退化评估方法

7.2.1 基于 GMM 的性能退化评估方法

高斯混合模型是基于概率建模的一种代表性模型，在这个模型中，一般通过使似然函数最大化来确定参数的值，但似然函数 $L(\theta)$ 和参数集 θ 是比较复杂的非线性函数关系，故很难找到极大值点，这里使用隐状态参与计算，即使用期望最大化（Expectation Maximization，EM）来解决高斯混合模型中的参数估计。在统计计算中，最大期望算法是在概率（probabilistic）模型中寻找参数最大似然估计或者最大后验估计的算法，它利用两个步骤交替进行计算，第一步是计算期望（E），建立一个与参数集 θ 有关的 Q 函数，然后求 Q 的期望；第二步是最大化（M），找到满足 Q 函数最大时的参数集 φ^*。如果 φ^* 满足收敛条件，则终止循环，否则回到 E 步骤。详细计算步骤此处不再赘述。

建立 GMM 模型后，需要一个定量的标准来衡量正常（或不正常）的程度，本章采用负对数似然值（Negative Log Likelihood Probability，NLLP）用于轴承性能退化评估[8][9]，其公式为：

$$NLLP = -\log(z\,|\,\varphi) \tag{7.1}$$

当使用正常样本建立 GMM 模型后，对于每一个待测数据都会有一个对数似然值，表示该待测样本属于正常样本的概率值，该值越大，表示属于正常样本的概率越大。随着滚动轴承退化的加重，监测指标越来越小，故使用该指标能够反映滚动轴承的退化程度，其取值范围为[0, 1]。

及时掌握滚动轴承的早期故障，对了解设备所处的运行状态至关重要。在滚动轴承早期故障点的判断时，大部分学者使用概率统计中的 3σ 法则确定滚动轴承早期故障的发生时刻，但由于很多情况下所使用的数据并不是都符合正态分布，当所使用的数据不符合正态分布时，则会导致发现早期故障点的时间不准确，所以本章使用箱线图作为自适应报警阈值。

箱线图（Box-plot）也称箱须图，如图 7.1 所示。它是利用数据中的 5 个统计量——非异常范围内最大值、上四分位、中位数、下四分位与非异常范围内最小值来描述数据的一种方法，不仅能够分析不同类别数据之间各层次的水平差异，还能揭示数据间离散程度、异常值、分布差异等。

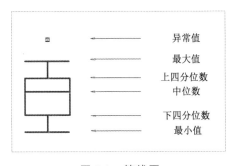

图 7.1 箱线图

箱线图分析的基本原理：将一组数据由小到大排列后，计算这组数据的四分位数，通过四分位数计算该组数据的异常点：

$$K \leqslant L_1 - 1.5(L_3 - L_1) \tag{7.2}$$

$$K \geqslant L_3 + 1.5(L_3 - L_1) \tag{7.3}$$

式中，K 为异常值，L_1 为上四分位数；L_3 为下四分位数。

箱线图的绘制是采用实际数据计算四分位数，绘制时对数据的形式不做要求，所以可以更加直观地表达原始数据的实际分布情况。由箱线图的计算方法可知，多达 25% 的数据远离正常样本不会对四分位数有很大的影响，因此异常点并不会对箱线图的计算结果有很大影响，而且采用箱线图可以更加客观地识别异常值。综上所述，箱线图在判断数据异常点方面具有一定的优越性[10]。本节使用箱线图的最大值作为滚动轴承性能退化评估的自适应报警阈值，若有连续多个输出值超过箱线图设定的报警阈值界限，则表示轴承所处的状态已发生变化。

在轴承的性能退化评估中，这种模型可以理解为：通过计算待测样本属于正常样本（失效样本）的概率大小，从而得到其性能退化程度。评估过程为：采用降维后的特征，取全寿命的正常样本作为训练样本，建立 GMM 模型，然后将待测全寿命数据输入 GMM 模型中，得到性能退化指标 DI，根据性能退化指标绘制退化评估曲线。

本章选取辛辛那提大学 IMS（智能维护系统）中心[11]的滚动轴承全寿命周期数据。通过对数据进行降维，选取降维后的全寿命数据的前 200 组早期无故障样本数据，构成 200×18 的特征矩阵，输入 GMM 模型中训练好模型，得到各参数的值。得到性能退化评估模型后，将全寿命特征 982×18 的特征矩阵作为测试样本输入 GMM 模型中，得到每一个待测样本属于正常样本的概率，将其作为性能退化指标（Degradation Idex，简称 DI），然后做出曲线，使用五点平滑法对曲线进行平滑处理，得到的性能退化曲线如图 7.2 所示。图中实线为性能退化评估曲线，虚线为早期故障阈值的自适应报警线。此外自适应报警线采用箱线图。

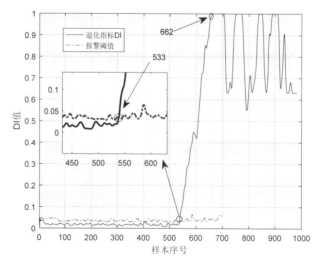

图 7.2 基于 GMM 的轴承性能退化评估结果

由图 7.2 可知，轴承在第 533 个时刻发生了故障，该时刻之后 *DI* 值明显增大，直到第 662 个时刻之后 *DI* 值达到了 1，这表明轴承属于故障的概率为百分之百。后来 *DI* 值又反复上升下降，不能了解轴承所处的阶段。

7.2.2　基于 HMM 的性能退化评估方法

隐马尔可夫模型是一个寻找事物在一段时间里的变化模式的统计学方法，它用来描述一个含有隐含未知参数的马尔可夫过程，现已成功地用于语音识别、自然语言处理、模式识别以及故障诊断等领域。下面举一个简单的例子来帮助理解。有一个小城，这里的天气只有晴天和阴天，有一个女孩平时经常做的就是三件事：散步、购物、打扫。她有一个在外地的男朋友，想知道她的城市里最近三天天气如何，但是女孩只告诉他，第一天她去购物，第二天打扫，第三天散步。现在男生用这些现有的信息就能推断出女孩所在城市这三天天气最可能的状态。也就是说，能够用观测到的状态来预测未知的情况。

HMM 模型的基本参数如下：

N：模型中马尔可夫链的状态数。其 N 个状态分别记为 $\theta_1, \theta_2, \cdots, \theta_N$，有 $q_t \in (\theta_1, \theta_2, \cdots, \theta_N)$。其中，$q_t$ 为 t 时刻的马尔可夫链状态。

M：每个状态可能出现的观测值。所以 M 个观测值可以记为 $\lambda = (N, M, \pi, A, B)$，有 $O_t \in (v_1, v_2, \cdots, v_M)$，其中，$O_t$ 是时刻 t 的观测值。

π：初始状态概率分布矢量，$\pi = (\pi_1, \pi_2, \cdots, \pi_N)$，其中 $\pi_i = P(q_i = \theta_i)$，$1 \leqslant i \leqslant N$。

A：状态转移概率矩阵，$A = (a_{ij})_{N \times M}$，有 $a_{ij} = p(q_{t+1} = \theta_j / q_t = \theta_i)$，$1 \leqslant i \leqslant N$。

B：观测值概率矩阵，$B = (b_{jk})_{M \times N}$。

由以上可知，HMM 模型可记为：$\lambda = (N, M, \pi, A, B)$。它的构架可用两个部分来表示，一个是由可观测序列的 B 表示的随机过程，另一个是由产生状态序列的 A 表示。隐马尔可夫模型的组成如图 7.3 所示，r 为观测值序列的时间长度。

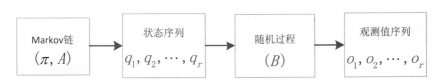

图 7.3　HMM 的结构示意图

HMM 模型主要解决三个问题：评估问题、解码问题和学习问题。本书针对轴承的性能退化评估方法的研究时，主要解决的是评估问题，而评估问题需要用到三种算法：

（1）前向后向算法。

隐马尔可夫中的概率值可用前向加后向算法来计算。故对于给定的观察值序列，就可以用此算法对其进行计算。另外，前向后向算法还可以用来计算模型的输出概率值。

（2）Viterbi 算法。

当已知模型 $\lambda = (\pi, A, B)$ 与观察值序列 $O = \{o_1, o_2, \cdots, o_t\}$ 时，就可以用 Viterbi 算法来确定一个模型的最佳状态序列 $Q^* = q_1^*, q_2^*, \cdots, q_T^*$。$Q^*$ 是使 $P(Q|O, \lambda)$ 为最大时所得到的状态序列。

（3）Baum-Welch 算法。

HMM 模型的训练过程是由 Baum-Welch 算法来实现的，Baum-Welch 算法可描述为：假如已知观测值序列 $O = \{o_1, o_2, \cdots, o_T\}$ 时，可以求得模型 $\lambda = (\pi, A, B)$，并且在这个模型中使 $P(O|\lambda)$ 达到最大值。这个过程中没有估计最佳 λ 的方案，因为这是泛涵极值的问题。鉴于以上情况，在使用 Baum-welch 算法时，首先需要利用递归思想让 $P(O|\lambda)$ 成为最大的局部值，然后再求解模型的各个参数。

由前面可知，隐马尔可夫模型用 $\lambda = (N, M, \pi, A, B)$ 来表示，其中 N 表示马尔可夫链的状态数。一般，滚动轴承的退化状态分为四种状态：正常、初期故障、恶化以及失效，M 表示每个状态下所有可能出现的观测值，此处设定 M 的值为 8；π 表示初始的概率分布矢量值，A 表示状态转移的概率矩阵，实际运用过程中，参数 A 和 π 一般是随机选取；B 为观测值的概率矩阵。选取参数 B 的方法如图 7.4 所示。

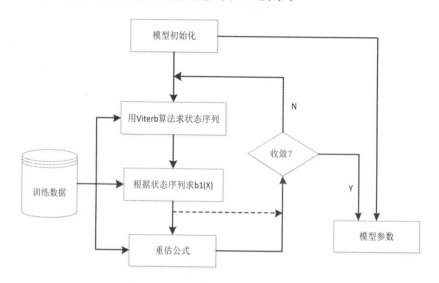

图 7.4　HMM 模型参数选取示意图

HMM 模型初始化完成之后，首先用前 200 组正常数据（数据来源：文献[11]）特征输入模型中进行模型训练，同时在程序中设置当其两次输出对数似然概率值之间的差值小于 1×10^{-3} 时，代表收敛，此时停止迭代，模型此时已经训练完毕。然后保持模型不变，通过迭代的方式将待测数据的特征输入已经训练好的模型当中去，当程序停止迭代时，得到一系列滚动轴承的似然概率输出值，但是，由于 $-\lg P(O|\lambda)$、$b_t(i)$ 在迭代的过程中很快接近零值，所以程序中应尽量把比例系数提高。此外，因为输出的相似概率也比较小，因此此处用对数似然概率 $-\lg P(O|\lambda)$ 来表示性能退化指标。在得到其对数似然概率值之后，画出滚动轴承的性能退化曲线，如图 7.5 所示。

滚动轴承所处的状态和对数似然概率值的大小有一定的关联。图 7.5 中，DI 值越大，表示轴承所处的状态与轴承的失效状态相似。从图中可以看出，滚动轴承在第 533 个样本时发生了早期故障，第 533 个样本点之后，DI 值在不断波动，而后又有较大的波动，最后 DI 值达到最大。

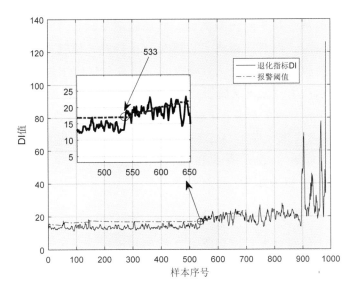

图 7.5 基于 HMM 的轴承性能退化评估结果

图 7.2 和图 7.5 都是以文献[11]中的加速疲劳寿命试验中外圈故障轴承为例得到的结果，用无故障特征训练 GMM 和 HMM 模型，再保持模型不变，通过迭代的方式把待测特征向量输入模型中进行预测，使用箱线图判断轴承的早期故障点，从两图中可以看出，基于 GMM 模型和 HMM 模型的性能退化评估可以及时发现早期故障，但是其性能退化曲线与滚动轴承的性能退化趋势不一致。

7.3 基于边界距离的性能退化评估方法

7.3.1 基于马氏距离的性能退化评估方法

马氏距离是由 P. C. Mahalanobis 提出的一种可以计算两个陌生样本集的相似程度的方法。设有一组振动信号，m 表示这组数据的维数（样本的个数），n 表示这组数据的列数（样本的特征），其马氏距离可由以下公式表示：

$$MD(i) = \sqrt{(x_i - \mu)\sum{}^{-1}(x_i - \mu)^T} \tag{7.4}$$

$$\mu = \frac{1}{n}\sum_{i=1}^{n} x_i \tag{7.5}$$

$$\sum = \frac{\sum_{i=1}^{m}\sum_{j=1}^{n}(x_i - \mu_i)(x_j - \mu_j)}{n-1} \tag{7.6}$$

其中，$i = 1,2,\cdots,m$，$j = 1,2,\cdots,n$，μ 和 Σ 分别表示样本的均值与协方差矩阵。

在滚动轴承性能退化评估模型中，常使用的模型可分为边界距离模型和概率建模模型。边界距离模型一般都是基于欧氏距离的，欧氏距离虽然计算比较简单，但是它比较依赖于样本变量间的量纲，而马氏距离可以避免这个问题，将其用于处理振动信号时，可以避免样本变量之间相关性的干扰，对噪声的干扰有一定的作用。

隶属度函数是表示一个对象 π 隶属于集合 A 的程度的函数，通常记做 $\mu_A(x)$，其自变量范围是所有可能属于集合 A 的对象（即集合 A 所在空间中的所有点），取值范围为 $[0, 1]$，其中 $\mu_A(x) = 1$ 表示 x 完全隶属于集合 A，即为 $x \in A$。一个模糊集合 A 的产生需要在空间 $X \in \{x\}$ 上定义一个隶属度函数，或者在域 $X = \{x\}$ 上定义一个模糊子集。对于对象 $x_1, x_2, \cdots, x_n$，其模糊集合可以表示为：

$$A = \{(\mu_A(x_i), x_i) \mid x_i \in X\} \tag{7.7}$$

此处，依然利用前面的数据，使用降维之后的特征建立马氏距离模型，首先计算前 100 组无故障数据与全寿命数据的特征的马氏距离，记为 $dist_1$；然后用同样的方法，计算后 20 组失效样本与全寿命数据的特征的马氏距离，记为 $dist_2$；再将两个距离指标代入式（7.8），得到轴承的性能退化指标。

$$x_{pu} = \max_i (x_i - \overline{x}) / x_{am} \tag{7.8}$$

基于马氏距离的性能退化评估模型流程如图 7.6 所示。

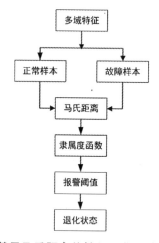

图 7.6 基于马氏距离的性能退化评估模型流程

将 FCM 的隶属度函数与双超球体的 d_1 和 d_2 结合，隶属度计算函数为：

$$u_i = 1 / \left(\frac{d_1}{d_2} \right)^{2/(q-1)-1} \tag{7.9}$$

式中，u_i 为第 i 个样本的隶属度；q 为模糊加权指数；d_1 和 d_2 分别为第 i 个样本到正常样本超球体中心的距离和失效样本超球体中心的距离。

有研究表明，从聚类有效性的研究中得到模糊加权指数 q 的最佳值区间为 $[1.5, 2.5]$，模糊加权指数越大，报警阈值与性能退化曲线越突出。为了更好地区分性能退化状态，本文设置模糊加权指数为 2.5。基于马氏距离的性能退化评估结果如图 7.7 所示。

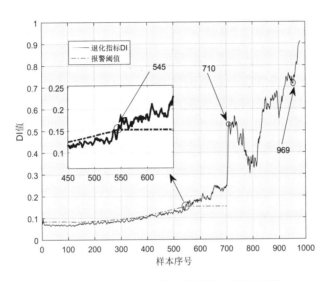

图 7.7　基于马氏距离的性能退化评估结果

从图 7.7 中可以看出，实线为滚动轴承的性能退化曲线，虚线为箱线图绘制的报警阈值线。此图中可以将轴承的性能退化大致分为四个过程：轴承的正常运行过程（1～545个时刻）；出现早期故障并故障不断加深过程（546～710个时刻）；故障在反复磨合中并加剧恶化的过程（711～969个时刻）；轴承接近失效阶段（970个时刻之后）。由此可知，在滚动轴承的整个运行过程中，轴承一开始处于正常工作状态，工作一段时间后出现早期故障但不明显，随着工作时间的持续，轴承的故障逐渐明显并不断加深，在故障加深过程中不断磨合，然后再到急剧恶化，最后轴承失效。如果在轴承出现早期故障的时候采取有效的手段加以维护，在轴承急剧恶化阶段随时关注轴承的退化状态，在临近失效时及时停机更换，就可以避免不必要的损失。

7.3.2　基于余弦欧氏距离的性能退化评估方法

由欧氏距离和余弦相似度的定义可知，对于 n 维向量，$X = \{x_1, x_2, \cdots, x_N\}$ 和 $Y = \{y_1, y_2, \cdots, y_N\}$，两个向量的欧氏距离为：

$$OD = \sqrt{\sum_{i=1}^{n}(x_i - y_i)^2} \qquad\qquad (7.10)$$

余弦距离为：

$$CD = \frac{\sum_{i=1}^{n} x_i y_i}{\sqrt{\sum_{i=1}^{n} x_i^2}\sqrt{\sum_{i=1}^{n} y_i^2}} \qquad (7.11)$$

欧氏距离能从幅度方面衡量向量间的相似性，余弦距离能从角度方面衡量向量间的相似性。为了提高评估的准确性，通过加权两种距离得到新的距离——余弦欧氏距离，就可以从幅度、角度两方面对不同向量间的相似性进行计算，计算公式如下：

$$D = \alpha \cdot OD + \beta \cdot CD \tag{7.12}$$

其中，α、β 为权重系数。由于正常样本数据的欧氏距离和余弦距离在一定范围内波动，所以它的余弦欧氏距离也应当在一定范围内波动。为了使正常样本数据与退化样本数据能够更好地区分，可以根据数据的欧氏距离变异程度和余弦距离变异程度确定余弦欧氏距离的权重。具体如下：

$$\alpha = \frac{\psi_1}{\psi_1 + \psi_2} \tag{7.13}$$

$$\beta = \frac{\psi_2}{\psi_1 + \psi_2} \tag{7.14}$$

$$\psi_1 = \frac{S_{OD}}{\mu_{OD}} \tag{7.15}$$

$$\psi_2 = \frac{S_{CD}}{\mu_{CD}} \tag{7.16}$$

其中，ψ_1 为欧氏距离的变异系数；S_{OD} 为欧氏距离的标准差；μ_{OD} 为欧氏距离的均值；ψ_2 为余弦距离的变异系数；S_{CD} 为余弦距离的标准差；μ_{CD} 为余弦距离的均值。

下面，依然使用前面相同的数据，利用降维后的特征，计算正常样本与待测样本之间的欧氏距离和余弦距离，将两个距离加权之后得到余弦欧氏距离，并将其作为轴承的性能退化指标。评估流程如图 7.8 所示。

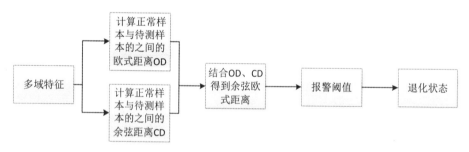

图 7.8 基于余弦欧氏距离的性能退化评估流程

使用降维之后的多域特征作为余弦欧氏距离的输入矩阵，首先取前 100 组样本作为训练样本，计算待测全寿命样本与前 100 组样本之间的欧氏距离和余弦距离，通过这两种距离加权得到余弦欧氏距离作为退化指标。根据上式计算得到 $\alpha=0.8$，$\beta=0.2$。然后使用本章 7.2 节的箱线图作为自适应报警阈值，得到轴承性能退化评估结果如图 7.9 所示。

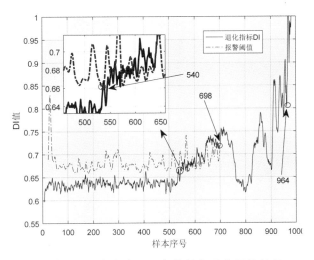

图 7.9　基于余弦欧氏距离的性能退化评估结果

图 7.9 中，实线为滚动轴承的性能退化曲线，虚线为箱线图绘制的报警阈值线。此图中也可以将轴承的性能退化过程分为四个过程：轴承的正常运行过程（1～540 个样本时刻）；出现早期故障并故障不断加深过程（541～698 个样本时刻）；故障在反复磨合中并加剧恶化的过程（699～964 个样本时刻）；轴承接近失效阶段（965 个时刻之后）。这与基于马氏距离的性能退化评估一致，都是分为四个阶段，但与其不同的是，故障的初始点不同。

7.3.3　基于模糊 C 均值的性能退化评估方法

实际中，事物有特性指标，可以根据这些特性指标的模糊性，使用模糊数学的理论方法来确定这些样本之间的亲疏程度，从而实现事物的分类。通常聚类分析的对象是还未进行分类的群体，而且未分类的群体往往具有模糊的性质。对模糊聚类问题聚类分析的时候，分析的过程中不仅需要把事物间的关联性考虑进去，还需要把事物的关联程度也考虑进去，所以比较自然的就是用模糊数学的理论作为处理方法，故称之为模糊聚类分析[12]。模糊聚类分析的步骤如下：

（1）数据的标准化：由模糊矩阵的要求可知，分析的时候需要把数据压缩到区间[0,1]。

（2）模糊相似矩阵的建立：方法有距离法和确定相似系数法。如果在进行聚类分析前已经对数据做了标准化的处理，那么可以用欧氏距离进行分析。

（3）聚类方法：有直接聚类法、基于模糊等价矩阵方法两种。其中，基于模糊等价矩阵方法又包括布尔矩阵法和传递闭包法两种。传递闭包法的本质就是把得到的模糊矩阵 R 改造为模糊等价矩阵，用 R^* 来表示，然后求 R 的传递闭包的时候用公式 $t(R) = R^*$ 来描述，就可以形成动态聚类图。在模糊相似矩阵建立之后，再采用直接聚类法就不再需要计算布尔矩阵以及传递闭包 $t(R)$，直接计算样本的模糊相似矩阵就可以得到聚类图。

在众多基于边界距离的模型中，FCM 应用最为广泛，它是通过优化目标函数之后得到隶属度，然后确定样本点的类属，进而进行分类的一种聚类算法。隶属度的定义是每个样本点到所有类中心的隶属度，隶属度函数设为 V_{ij}，定义为第 j 个样本对第 i 类聚类中心的隶属度。用 FCM 聚类算法把样本集合 $X = \{x_1, x_2, \cdots, x_N\}$ 划分为 c 类子集 $(c > 1)$，其要满足的约束条件如下：

$$\sum_{j=1}^{N} V_{ij} = 1, 1 \leqslant j \leqslant N \tag{7.17}$$

$$0 < \sum_{j=1}^{N} V_{ij} < N, 1 \leqslant i \leqslant c \tag{7.18}$$

$$0 < V_{ij} < 1, 1 \leqslant i \leqslant c, 1 \leqslant j \leqslant N \tag{7.19}$$

此时得到的聚类目标函数 $J(x) = \sum_{i=1}^{c} \sum_{j=1}^{N} V_{ij}^{q} d_{ij}^{2}$ 最小，在上述约束条件下，用 FCM 模型去寻找目标函数的最小分区步骤如下。

（1）更新聚类中心：设置初始聚类数目 c、模糊加权指数 q、迭代数 $\alpha = 1$ 和迭代停止阈值 ε，用一个大小为 $c \times N$ 的模糊分区矩阵 U 表示聚类结果，初始化矩阵 U 之后更新聚类中心，$c_i = \sum_{j=1}^{N} V_{ij}^{q} x_j / \sum_{j=1}^{N} V_{ij}^{q}$。

（2）计算隶属度值：$V_{ij} = 1 / \left(\sum_{k=1}^{c} \left(d_{ij} / d_{kj} \right)^{2/(q-1)} \right)$，更新矩阵 U。

（3）计算相邻两次的聚类值差值：当聚类值差值小于设定的初始阈值时停止迭代，否则重复步骤（2）和（3）。

为了验证上述理论，本节首先用小波包分解和 AR 模型提取无故障样本和失效样本数据的特征向量，并采用提取到的特征向量建立 FCM 模型，得到正常的聚类中心 c_1 和失效的聚类中心 c_2，建立好模型之后保持模型不变，然后将待测样本数据通过反复迭代的方式输入 FCM 模型中，便能计算得到样本数据到正常和失效聚类中心的欧氏距离 d_1, d_2，再代入公式 $u_i = 1 / \left(\dfrac{d_1}{d_2} \right)^{2/(q-1)-1}$，得到待测数据的失效隶属度，通过不断迭代得到一系列失效隶属度值，以此作为滚动轴承的性能退化指标 DI，并绘制出滚动轴承的性能退化曲线。从前述理论可知，DI 值无限接近 1 但是达不到 1，说明待测数据与失效聚类中心不可能完全重合，其性能退化评估模型框架如图 7.10 所示[14]。

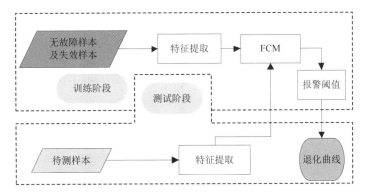

图 7.10　AR-FCM 性能退化评估框架图

为及时发现滚动轴承早期故障，此处采用概率统计中的 3σ 法则来确定滚动轴承早期故障的发生时刻。

设一个近似正态分布的样本，其方差和均值分别为 σ^2 和 x，则其值分布在 $(x-3\sigma, x+3\sigma)$ 中的概率是 99.73%。本节中的样本数据够大，故可以把 DI 值看作正态分布，当连续多个 DI 值超过此界定范围时，就可以认为轴承的性能发生了改变。由于滚动轴承的性能退化程度是随时间而逐渐加深的，所以这里只考虑阈值上限。3σ 法则的判别公式如下：

$$TH(t) = \begin{cases} x[DI(1:t_a)] + 3\sigma[DI(1:t_a)], & t = 1,2,\cdots,t_a \\ x[DI(1:t_{t-1})] + 3\sigma[DI(1:t_{t-1})], & t = t_a+1, t_a+1,\cdots,t_b \\ x[DI(1:t_{b-1})] + 3\sigma[DI(1:t_{b-1})], & t = t_b+1, t_b+2,\cdots \end{cases} \quad (7.20)$$

式中，$DI(t)$ 表示 t 时刻的 DI 值；x 为均值；σ 是标准差。

本节中先计算前 100 组无故障样本 DI 值的阈值上限，若 t_a 时刻的 $DI(t)$ 小于 t_a-1 时刻的阈值上限，则将 $DI(t)$ 与原始数据组合后重新计算 t 时刻的阈值上限；若 t_b 时刻后连续 N 个 DI 均大于阈值上限，则可以判定轴承出现初始故障的时刻 t_b。

实验数据是本书第 5 章介绍的由美国辛辛那提大学智能维护系统中心提供的全寿命周期数据。提取小波包分解的节点能量值以及 AR 模型的系数和残差作为特征向量，分别对前 100 组早期无故障数据和同类轴承的后 10 组失效数据提取其自相关系数和残差，得到大小为 110×8 的输入特征向量；然后初始化 FCM 模型参数，取模糊加权指数 $q=2$，迭代阈值 $\varepsilon_1 = 10^{-4}$，聚类数 $c=2$，然后输入利用前述 110 组数据建立的 FCM 模型，得到正常和失效聚类中心；保持模型不变，通过迭代的方式把待测样本数据点输入建立好的 FCM 模型中，得到一系列滚动轴承的性能退化指标，绘制出滚动轴承的性能退化曲线，如图 7.11 所示。图中虚线是用 3σ 法则绘制的报警阈值线，从图中可以看出，在第 575 个样本处，滚动轴承出现初始早期故障，在第 702 个样本处出现故障反复磨合加深期，在第 956 个样本后滚动轴承性能退化曲线急剧上升，此时滚动轴承已经完全失效。

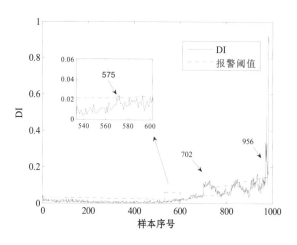

图 7.11　AR-FCM 性能退化评估曲线

　　为了验证此方法是否能够发现滚动轴承的早期故障，采用了包络谱分析的方法分析第 575 个样本、第 533 个样本和第 532 个样本的频谱。利用 EMD 把它们分解成若干简单的固有模态函数（IMFs），然后用希尔伯特包络解调对 IMF1 进行分析，因为 IMF1 是振动信号中频率最高且包含振动信息的最详细的振动信号[13]，解调结果如图 7.12 所示。其中对第 575 个样本进行包络解调后的结果如图 7.12（a）所示，可以看出在频率为 231 Hz 处有明显的谱峰，与外圈球通频率（BPFO）236.4 Hz 非常接近，其幅值约为 0.3 g。再对第 533 个样本进行包络谱分析后结果如图 7.12（b）所示，可以看出在频率为 231 Hz 时也有明显的谱峰，其幅值约为 0.2 g；对第 532 个样本进行包络谱分析后结果如图 7.13（c）所示，图中没有明显的谱峰（在第 532 个样本之前的样本显示相同的结果）。故推断滚动轴承在第 575 个样本之前，即第 533 个样本处发生外圈初始故障，评估结果与分析结果不一致，据此表明该模型不能有效发现滚动轴承的早期故障。

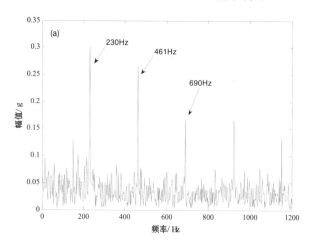

（a）第 575 个样本包络解调图

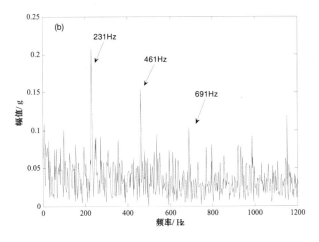

（b）第 533 个样本包络解调图

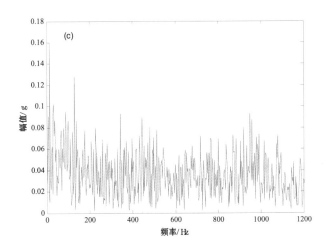

（c）第 532 个样本包络解调图

图 7.12　样本包络解调图

7.4　融合概率建模与边界距离的滚动轴承性能退化评估方法

7.4.1　基于 FCM-HMM 的滚动轴承性能退化评估方法

FCM-HMM 模型是本书提出的一种新的基于融合型性能退化在线评估模型，该模型集中了基于边界距离和概率相似度模型的优势，具体描述如下：

（1）设置迭代阈值，用 ε_1 表示，模糊加权指数用 q_1 表示，聚类数目用 c 表示，并设置迭代计数器的初始值为 $l_1 = 1$。

（2）与 7.3.3 节中的步骤（1）类似，计算样本数据的正常及失效聚类中心。

（3）与 7.3.3 节中的步骤（2）类似，计算样本数据的隶属度矩阵，直到 $\left\| U^{(l_1)} - U^{(l_1-1)} \right\| < \varepsilon_1$ 时停止迭代，否则令 $l_1 = l_1 + 1$，继续步骤（2）和步骤（3）$U^{(l_1)} - U^{(l_1-1)}$。

（4）把待测数据分别输入 HMM 和 FCM 模型后得到退化指标 P 和 DI，然后将其作为两列输入特征，输入到建立好的 FCM 模型中，得到待测样本点与聚类中心的欧式距离 d_1, d_2，从而求得待测样本点隶属于失效的程度，用 $\mu = 1 / \left(\left(\dfrac{d_2}{d_1} \right)^{2/(q-1)} + 1 \right)$ 表示。

（5）过程中一系列 μ 的值就是滚动轴承的退化指标 DI，根据退化指标描绘出滚动轴承的性能退化曲线。

我们首先利用早期无故障样本和同类轴承的失效数据，得到 FCM 的正常和失效样本聚类中心 c_1, c_2，然后建立 FCM 模型，根据隶属于失效程度公式可知 DI 值是无限接近于 1 但达不到 1 的，这是由于待测数据与失效状态的聚类中心在实际中不可能达到完全重合。最后保持模型不变，通过迭代描绘出滚动轴承的性能退化曲线，其评估模型框架如图 7.13 所示。

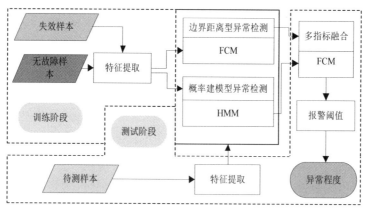

图 7.13　性能退化评估框架图

为验证此方法的有效性，此处依然采用前面相同的数据，用前 100 组无故障数据和后 10 组失效数据的 DI 和 B 值，组成大小为 110×2 的矢量特征，建立 FCM 模型，得到正常和失效聚类中心 c_{11}, c_{22}；把得到的两个性能退化指标 DI 和似然概率输出值 P 作为输入特征，保持模型不变，通过连续迭代再输入到建立好的 FCM 模型中，得到性能退化指标。此过程中的 DI 和 B 的空间散点图如图 7.14 所示，描绘的滚动轴承的性能退化曲线如图 7.15 所示。

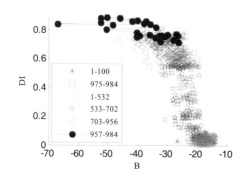

图 7.14　DI 和 B 的二维散点图

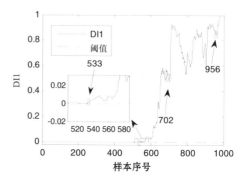

图 7.15　基于 FCM-HMM 性能退化评估结果

从图 7.14 可以看出，作为训练的正常样本 1～100 和同类轴承的失效样本 975～984 都包含在测试样本的正常数据和失效数据里面，测试样本从正常到早期故障、再到故障磨合期直至失效的过程中，离训练样本的距离越来越大，与滚动轴承的性能退化趋势一致。

从图 7.15 可以看出，与单独采用 FCM 和 HMM 评估模型相比，同样在第 533 个样本出现了早期故障，同时早期故障特征比前面单独采用 FCM 及 HMM 所述方法明显，性能退化趋势与退化曲线的一致性也更好。在第 702 个样本处出现反复磨合期，即故障加深、磨平、然后又加深的过程，故曲线出现上下波动。在第 956 个样本后曲线急剧上升，这时轴承完全失效。通过对比，体现出了 FCM-HMM 评估方法的优越性。为了验证此方法的有效性以及适用性，我们用另外两种方法以及实验数据进行验证。

7.4.2　AANN-FCM 的滚动轴承性能退化评估方法

自联想神经网络（Auto-Associative Neural Network，AANN）的思想来源于 PCA 和非线性主成分分析（Nonlinear Principal Component Analysis，NLPCA），它是一种把高维度空间所含的有余度信息压缩至低纬度特征空间的方法，它可以实现从测量空间到特征空间再到测量空间的非线性映射关系，这一点正好适用于滚动轴承的非线性振动信号中。AANN 神经网络是由一个输入层、一个或者多个隐含层和一个输出层组成的，最重要的一点是输入层和最后的输出层的个数是相等的，提取数据的特征这个过程主要是在隐含层完成的，故神经元的个数会小于输入层或者输出层神经元个数。一个完整的 AANN 模型由前面和后面两部分组成，所述的前面部分是由隐含层和输入层组成的，此部分的作用是压缩输入信息和完成编码过程，后面部分即输出层的作用是对特征信息进行解码。此外，AANN 神经网络对振动信号的噪声具有抑制的作用，将带噪声的振动信号输入 AANN 之后，其隐含层的输出值可以有效地把高维输入信号用于信息过滤并且提取信号的有效特征分量。基于 AANN-FCM 模型的建模流程图如图 7.16 所示。

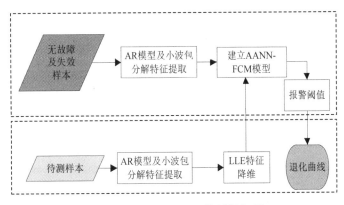

图 7.16　AANN-FCM 模型框架图

（1）首先对高维数据集进行特征提取。采用第 2 章所述的小波包分解加 AR 模型的特征提取方法，把提取到的高维特征向量通过 LLE 特征降维后，作为 AANN-FCM 模型的输入特征向量。

（2）AANN 神经网络的建立。将步骤（1）所述的输入特征向量输入 AANN 中，AANN 神经网络中期望输出值的个数与输入值个数相等。确定好输入层神经元的个数之后，对 AANN 模型的训练过程有两点：首先确定 AANN 模型的网络结构、收敛条件以及最大的迭代次数，其次用梯度下降法训练，并且记录好训练之后的 AANN 神经网络的输入层与隐含层的链接权值矩阵 W，隐含层的阈值设置为 c，隐含层的输出为 $\{(Z_k)|k=1,2,\cdots,K;$ $Z_k \in R^{1/r}\}$，r 为输入层和隐含层神经元数的压缩比。

（3）FCM 模型的建立。首先设置初始聚类数目 c、模糊加权指数 q、迭代数 $a=1$ 和 ε 迭代停止阈值，用一个大小为 $c \times N$ 的模糊分区矩阵 U 表示聚类结果，初始化矩阵 U 之后更新聚类中心 c_i，则有 $c_i = \sum\limits_{j=1}^{N} V_{ij}^{\,q} x_j \big/ \sum\limits_{j=1}^{N} V_{ij}^{\,q}$；然后计算隶属度值，$V_{ij} = 1 \big/ \left(\sum\limits_{k=1}^{c} (d_{ij}/d_{kj})^{2/(q-1)} \right)$，更新矩阵 U；最后计算相邻两次的聚类值差值，当此差值小于设定的初始阈值时停止迭代，否则重复进行此步骤。

（4）将 AANN 模型的输出向量与输入向量之差输入到建立好的 FCM 模型中，得到性能退化指标 DI。

本处数据仍来源于文献[11]提供的数据，对轴承 1 每个样本都提取了 8192 个点进行分析，一共有 984 个样本数据，首先对这 984 个样本数据提取 AR 模型的系数和残差，然后经过 LLE 非线性流行降维后得到 8 维特征向量，如图 7.17 所示[15]。可以看出降维后的特征向量与滚动轴承的性能退化趋势基本上是一致的。及时发现滚动轴承早期故障对掌握设备的运行状态有至关重要的作用，此处仍然用前面介绍的概率统计中的 3σ 法则来确定滚动轴承早期故障的发生时刻。

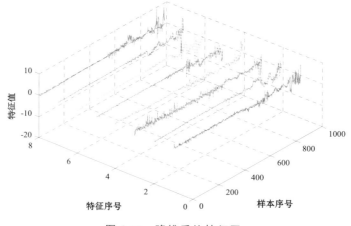

图 7.17　降维后的特征图

在对 984 个样本提取完特征并且降维之后，建立 AANN 模型，设置 AANN 模型的网络结构、收敛条件以及最大的迭代次数，然后再用前 100 组无故障数据和同类轴承的后 10 组失效数据特征建立 FCM 模型，得到正常和失效聚类中心 c_1, c_2，得到性能退化指标。图 7.18 所示就是对 AANN 输入输出误差的均方根值变化趋势。

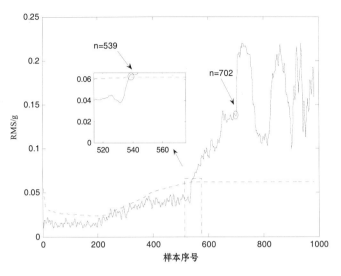

图 7.18　AANN-RMS 性能退化评估曲线

　　从图 7.18 可以看出，用 AANN-RMS 模型评估的滚动轴承的性能退化指标，在第 539 个样本时刻与报警阈值出现交叉，并且在第 539 个样本之后连续有多个样本超过报警阈值，所以可以判断滚动轴承的性能退化初始故障点在第 539 个样本时刻。从第 540 个样本到第 702 个样本，曲线出现较陡的上升趋势，说明滚动轴承的故障进一步加深。在第 703 个样本之后，滚动轴承的性能退化曲线出现较大幅度的波动，并且最后有下降的趋势，此种趋势与滚动轴承的性能退化趋势不一致。

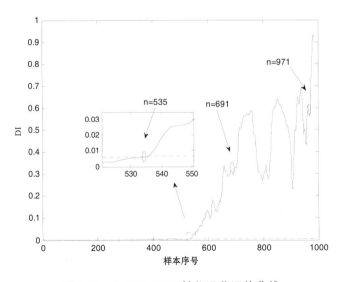

图 7.19　AANN-FCM 性能退化评估曲线

　　从图 7.19 可以看出，用 AANN-FCM 模型评估的滚动轴承的性能退化指标，在第 535 个样本时刻与报警阈值出现交叉，并且在第 535 个样本之后连续有多个样本超过报警阈值，所以可以判断滚动轴承的性能退化初始故障点在第 535 个样本时刻。与 AANN-RMS 模型相比，此方法能够提早发现早期故障，这对实际的生产起到了较大的作用。从第 536

个样本到第 691 个样本，曲线出现较陡的上升趋势，说明滚动轴承的故障进一步加深。在第 692 个样本至第 971 个样本之间，滚动轴承的性能退化曲线出现较大幅度的波动，在第 971 个样本之后滚动轴承的性能退化曲线出现急剧上升的趋势，证明已经完全失效。与 AANN-RMS 模型相比，此方法与滚动轴承性能退化趋势一致。

但是将 AANN-FCM 模型与 FCM-HMM 模型相比可以看出，FCM-HMM 模型在第 533 个样本出现了早期故障，说明 FCM-HMM 模型更能提早发现滚动轴承的早期故障；在反复磨合期，此方法评估曲线的上下波动幅值相对来说较小；在第 956 个样本后，滚动轴承的性能退化曲线急剧上升，这时轴承完全失效。在实际工程应用中，能够提前发现滚动轴承的失效点，可以在某种程度上防止意外事故的发生。以上对比可以体现出基于融合型异常检测算法的优越性。

7.4.3　基于 HMM 和马氏距离的性能退化评估模型

本节将 HMM 与马氏距离融合，即本章前面介绍的 HMM 模型得到的性能退化指标 DI_1，使用本章前面的马氏距离模型得到 DI_2，将 DI_1 和 DI_2 作为两列特征矩阵输入马氏距离模型中，得到新的性能退化指标，绘制性能退化曲线，使用箱线图判别早期故障的发生时间，其流程如图 7.20 所示，评估结果如图 7.21 所示。

图 7.20　基于 HMM 和马氏距离的性能退化评估流程

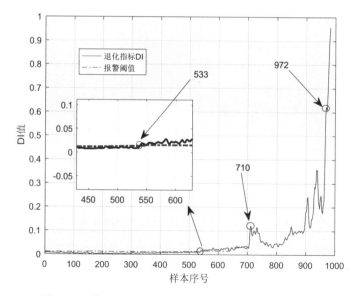

图 7.21　基于 HMM 和马氏距离的性能退化评估结果

由图 7.21 可知，轴承发生故障的时间点是第 533 个样本点，性能退化评估可分为 4 个阶段，这与实际中轴承发生故障的时间吻合，且轴承性能退化的趋势相同，故该模型可用于轴承的性能退化评估中。

7.4.4 基于 GMM-余弦欧氏距离的性能退化评估模型

如上节一样，本节采用相同的方法，即用 GMM 模型得到性能退化评估指标后，将指标输入余弦欧氏距离中，得到新的性能退化指标，绘制性能退化评估曲线，并使用箱线图与曲线的交点作为初始故障点的时间。其流程如图 7.22 所示。

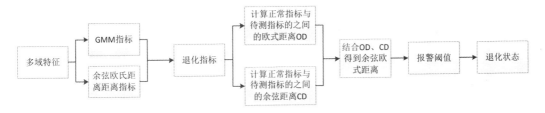

图 7.22　基于 GMM-余弦欧氏距离的性能退化评估流程

使用本章前述降维后的多域特征，将其输入 GMM 模型中，计算待测样本属于正常样本的对数似然概率；再将前 200 个样本作为正常样本，计算待测样本与正常样本的欧氏距离和余弦距离；再使用本章所介绍的权值计算方法，计算得 $\alpha = 0.95$，$\beta = 0.05$；再计算得到余弦欧氏距离作为新的性能退化指标，然后绘制性能退化评估曲线。结果如图 7.23 所示。

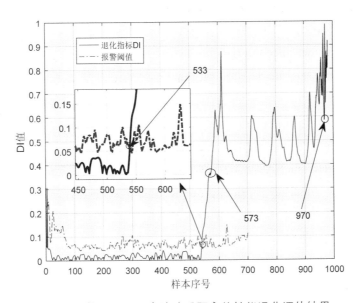

图 7.23　基于 GMM-余弦欧氏距离的性能退化评估结果

与上节结果一致，滚动轴承性能退化可分为 4 个阶段，并且在第 533 个样本点时发生初始故障，故该模型可用于轴承的性能退化评估中。

本章参考文献

[1] Yu J. Bearing Performance Degradation Assessment Using Locality Preserving Projections and Gaussian Mixture Models[J]. Mechanical Systems and Signal Processing, 2011(25): 2573-2588.

[2] 李巍华，戴炳雄，张绍辉. 基于小波包熵和高斯混合模型的轴承性能退化评估[J]. 振动与冲击，2013，32（21）：35-40

[3] 蒋会明，陈进，董广明，刘韬. 基于集成隐马尔可夫模型的轴承故障诊断[J]. 振动与冲击，2014，33（10）：92-96.

[4] 周建民，游涛，尹文豪，等. 基于融合 FCM-SVDD 模型的滚动轴承退化状态识别[J]. 机械设计与研究，2020，36（1）：124-129.

[5] 周建民，张臣臣，王发令，等. 结合马氏距离与隶属度函数的轴承性能退化研究[J]. 制造技术与机床，2019，5（05）：62-66.

[6] 周建民，张臣臣，张龙，等. 基于融合模糊 C 均值与隐马尔科夫模型的滚动轴承的退化状态识别[J]. 机械设计与研究，2019，35（3）：83-86.

[7] 周建民，郭慧娟，张龙. 一种融合型异常检测算法及其在轴承性能退化评估中的应用[J]. 制造技术与机床，2017（10）：65-70.

[8] Huang R, Xi L, Li X, et al. Residual life predictions for ball bearings based on self-organizing map and back propagation neural network methods[J]. Mechanical Systems and Signal Processing, 2007, 21(1): 193-207.

[9] Yu J. Bearing performance degradation assessment using locality preserving projections and Gaussian mixture models[J]. Mechanical Systems and Signal Processing, 2011, 25(7): 2573-2588.

[10] 黄海松，魏建安，任竹鹏，等. 基于失衡样本特性过采样算法与 SVM 的滚动轴承故障诊断[J]. 振动与冲击，2020，39（10）：65-74+132.

[11] "Bearing Data Set" in NASA Ames Prognostics Data Repository [EB/OL]. [2015, 06, 15]. http://ti. arc. nasa. gov/project/prognostic-data-repository.

[12] 欧阳承达，赵红梅，张军. 基于模糊聚类法的滚动轴承故障诊断研究[J]. 自动化应用，2020（06）：29-31.

[13] Zhou J M, Guo H J, Zhang L, et al. Bearing performance degradation assessment using lifting wavelet packet symbolic entropy and SVDD [J]. Shock and Vibration, 2016(6): 1-10.

[14] 周建民，郭慧娟，张龙. 基于 AR-FCM 的滚动轴承的性能退化评估[J]. 机械传动，2017（12）：73-76.

[15]　张西宁, 雷威, 李兵. 主分量分析和隐马尔科夫模型结合的轴承监测诊断方法[J]. 西安交通大学学报, 2017, 51（06）: 1-7+109.

[16]　周建民, 郭慧娟, 张龙. 基于 LLE 和模糊 C 均值的滚动轴承故性能退化评估[J]. 机械设计与研究, 2017, 33（6）: 86-89.

【 第 8 章 】>>>>
基于径向基的轴承性能退化评估与寿命预测方法

8.1　引　言

径向基（Radial Basis Function，RBF）神经网络是典型的前馈反向型传播网络，具有网络结构简单、收敛速度快、逼近性能好等优点[1]。因此，目前有许多基于 RBF 函数神经网络的针对轴承故障类型的定性识别的研究，然而涉及故障程度或性能退化程度的定量评估方向的应用较少[2]。为了研究基于径向基神经网络对故障程度、性能退化评估的定量评估，本章针对滚动轴承，提出结合能量熵和 RBF 神经网络的性能退化评估方法，在此基础上提出一种优化非线性 Wiener 模型，并给出该退化模型对应的失效概率密度函数和剩余寿命概率密度函数的近似表达式，最终得到轴承剩余寿命的预测模型，通过实验证明该模型具有一定的通用性。

8.2　RBF 神经网络

径向基神经网络是前馈反向型传播网络，核心是径向基函数，其网络结构由感知单元层、非线性隐层和线性输出层构成[3]。感知单元层节点的数目与输入数据的维数相等；非线性隐层节点的数量与问题的复杂程度相关，问题越复杂，节点数量越多，反之越少；而线性输出层节点的数目则与目标向量维数保持一致。

理论上，RBF 神经网络的建模过程是求解数据从输入层到隐含层的映射关系的过程。主要原理为将径向基函数作为隐含层的节点激活函数，将输入矢量映射到隐空间，使得输入层的低维线

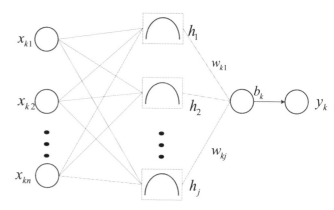

图 8.1　RBF 神经网络拓扑结构

性不可分数据映射成输出层的高维数据，使数据在高维空间中变得线性可分[4]。RBF 神经网络的拓扑结构如图 8.1 所示。

常用的径向基函数有三种，介绍如下。

（1）高斯函数：

$$h_j(x) = \exp\left(\left(-\frac{1}{r_j^2}\right)\|x - c_j\|^2\right) \tag{8.1}$$

（2）反射 S 型函数：

$$h_j(x) = \frac{1}{1 + \exp\left(\left(-\frac{1}{r_j^2}\right)\|x - c_j\|^2\right)} \tag{8.2}$$

（3）逆多二次函数：

$$h_j(x) = \frac{1}{(\|x - c_j\|^2 + r_j^2)^{1/2}} \tag{8.3}$$

式中，$h_j(x)$ 为第 j 个 RBF 节点输出；c_j 和 r_j 分别为第 j 个 RBF 节点的中心值和宽度，径向基函数的宽度越小，就越具有选择性。

RBF 神经网络的输出层为线性输出，其表达式为：

$$y_k = \sum_{j=1}^{m} w_{kj} h_j(x) + b_k \tag{8.4}$$

式中，$y_k(x)$ 为输入矢量 x 的第 k 个输出；w_{kj} 为第 k 个输出节点和第 j 个隐节点的连接权值；m 为隐含层节点数；b_k 为输出值偏移量，$j = 1, 2, \cdots, m$。

8.3 基于 RBF 模型的性能退化评估

本节采用箱线图作为轴承性能退化评估自适应报警阈值设定方法，采用小波包能量熵提取全寿命周期数据特征，利用早期无故障样本和同类失效样本训练 RBF 模型，输出性能退化评估指标，结合箱线图评估轴承性能状态并给出早期故障点，通过比较不同基函数得到的性能退化评估结果得到最优径向基函数。

8.3.1 性能退化评估流程

本节采用第 7 章所介绍的箱线图，作为滚动轴承的性能退化评估自适应报警阈值设定方法，用于判断数据异常值，使用箱线图判断数据异常点[5]。定义当有连续多个评估指标输出值超过箱线图设定的报警阈值界限时，则表示轴承所处的状态已发生较大的变化。同时，可以根据 DI 值的不断变化得到一条随时间变化的自适应报警线。此外，选择箱线图的最大值作为性能退化评估的自适应报警阈值。

基于 RBF 神经网络的滚动轴承性能退化评估流程如图 8.2 所示。

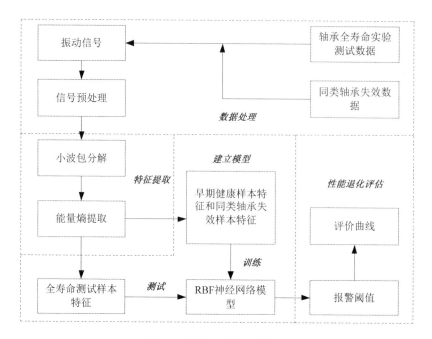

图 8.2　性能退化评估流程

如图 8.2 所示，首先需要采集轴承全寿命数据和同类轴承失效数据进行数据预处理，采用小波包能量熵提取轴承特征，小波基函数为 Daubechies 5，提取层数为 3 层，得到 8 个特征。利用早期健康样本和同类轴承失效样本的特征作为训练数据来建立模型，模型建立完成后再输入轴承全寿命数据作为测试样本，得到 RBF 神经网络模型性能退化评估后的评价曲线和报警阈值曲线，完成整个性能退化评估过程。

8.3.2　实验结果分析

本节实验选择第五章所介绍的辛辛那提大学轴承实验中心[5]的全寿命数据进行实验，选择表 5.2 中第二组实验轴承 1 作为分析对象。由于实时监测中没有轴承失效样本，因此以同类轴承的失效数据作为训练样本，表 5.2 第三组实验轴承 3 同为外圈失效，选择失效轴承最后 10 个样本作为模型的失效样本。

选择全寿命数据中的前 100 个早期无故障样本数据和 10 个失效样本，提取小波包能量熵特征，构建 110×8 输入矩阵，输入 RBF 模型，训练好模型得到聚类中心。得到性能退化评估模型后，以 982 组全寿命数据为样本，提取特征。构建 982×8 的测试样本矩阵，通过迭代的方法输入模型，得到轴承全寿命周期的 DI 值。在结果分析中，为了消除干扰信号所产生毛刺的影响，使用五点滑动平均法对曲线进行平滑处理，得到性能退化曲线如图 8.3 所示。实线为性能退化评估曲线，点画线为早期故障阈值的自适应报警线。

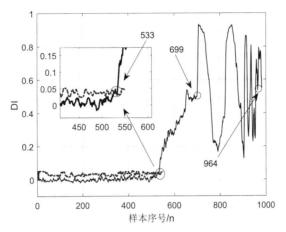

图 8.3　基于高斯函数的 RBF 神经网络性能退化评估结果

如图 8.3 所示，轴承出现早期故障点为第 533 个样本，该点之后 DI 值明显增大。直到在第 699 个样本前，轴承都处于早期故障阶段，之后轴承出现反复磨损和破坏加深。在第 964 个样本之后，滚动轴承急剧恶化至完全失效。

将反射 S 型函数和逆多二次函数分别作为 RBF 神经网络的径向基函数进行再次实验，输出的轴承性能退化评价结果如图 8.4 所示。

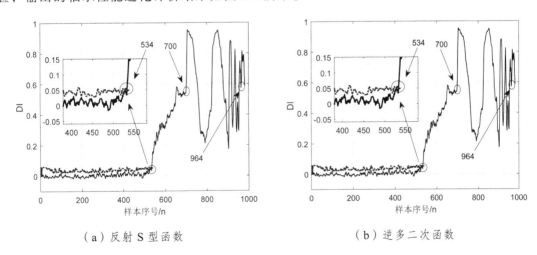

（a）反射 S 型函数　　　　　　　　　　（b）逆多二次函数

图 8.4　基于两种不同基函数的 RBF 神经网络评估结果

通过比较具有不同径向基函数的三种 RBF 神经网络模型，可以看出基于三种不同径向基函数的 RBF 神经网络模型对轴承性能退化的评价趋势是一致的。另外两个径向基函数的神经网络模型检测到的早期故障点是 534 个样本，比基于高斯函数的神经网络模型检测到的故障点晚了 10 min。

为了验证模型评估结果的准确性，采用 EMD 和希尔伯特变换结合的方法来诊断轴承故障点的特征频率，EMD 能分解出 IMF 分量，去除多余的噪声，HHT 能够从高频解调与故障相关的信号[7]。利用 EMD 提取早期故障点第 533 个样本及前一时刻第 532 个样本振动信号的 IMF 分量，采用相关系数准则[8]选取原信号相关性大于 0.5 的 IMF 分量，本节选择的大于 0.5 的分量为 IMF1,对该分量进行 HHT 得到新的信号,最后进行傅里叶变换,得到包络谱,如图 8.5 所示。

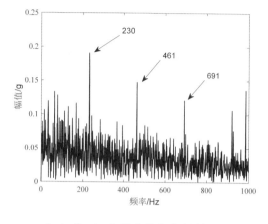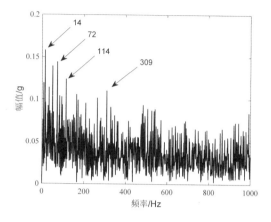

(a)第 533 个样本的包络解调图　　　　(b)第 532 个样本的包络解调图

图 8.5　早期故障样本与无故障样本包络解调图

分析图 8.5 可知,在第 533 个样本中,谱峰出现在 230 Hz、461 Hz 和 691 Hz,与 ZA-2115 轴承外圈故障特征频率 236 Hz 相近,谱峰所在频率与轴承外圈特征频率存在差异的根本原因为存在滑移效应[9]。而在第 532 个样本中则没有相应的峰值,对第 532 个样本之前的样本进行包络谱分析得出同样的结果,因此可确定第 533 个样本为早期故障点出现的样本。因此选择高斯函数作为基函数的 RBF 神经网络模型早期故障诊断结果与验证结果一致,且比其他两个函数具有更好的早期故障检测能力。

有量纲时域统计参数和无量纲时域统计参数是工程中常用的监测参数,其中均方根值、峭度等特征参数是监测轴承退化程度时的常用指标[10]。本节选择均方根值和峭度作为早期监测指标来表达设备性能退化过程。使用均方根值监测设备运行状态,其曲线变化能随着故障程度的增大而逐步增加,而峭度的曲线突变能及时反映轴承的状态,因此能判断早期故障点。图 8.6 为实验台轴承全寿命周期内的均方根值变化情况。

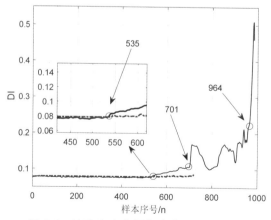

图 8.6　轴承全寿命周期内均方根值曲线

　　从图 8.6 可以看出，均方根值最早检测到的故障点是第 535 个样本，比基于小波包能量熵和 RBF 神经网络的评估结果滞后了 2 个样本（即滞后 20 min）。均方根值只能在轴承故障急剧加深时才能判断。在急剧恶化阶段（701～964 个样本时刻），均方根值也出现反复增减。这说明这一阶段的轴承故障确实有反复的加深和恶化，均方根值判断早期故障点出现滞后，且各个阶段都出现延期判断，这不利于及时做出维修的策略。

　　如图 8.7 所示为基于峭度的轴承性能退化评估曲线，可以看出，基于峭度值的评估方法监测到的早期故障点为第 648 个样本，与基于小波包能量熵和 RBF 神经网络的性能退化评估方法相比，滞后了 115 个样本（即 1150 min）。通过以上分析，本节提出的基于小波包能量熵和 RBF 神经网络模型的性能退化评估结果可以较早地判断出早期故障点，DI 曲线与滚动轴承的失效退化趋势一致。

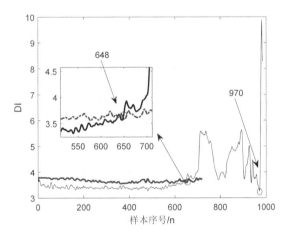

图 8.7　轴承全寿命周期内峭度曲线

8.4　基于 RBF 模型与优化 Wiener 模型的轴承寿命预测

　　本节针对滚动轴承寿命预测缺乏可表征其健康状态的可靠退化指标的问题，提出采用 RBF 神经网络及带有漂移参数的维纳（Wiener）模型进行剩余寿命预测。将 RBF 神经网络与隶属度函数结合，使用 DI 值来评价轴承退化特性，使评估曲线具有实时性、准确性并且合理地表达轴承退化趋势，为寿命预测提供评价标准，可有效地表征轴承的健康状态，并且提出一种优化非线性 Wiener 模型，该模型包含很多常用的 Wiener 过程模型，具有一定的通用性，同时给出该退化模型对应的失效概率密度函数和剩余寿命概率密度函数的近似表达式，并在此基础上建立研究轴承剩余寿命的预测模型。

8.4.1　性能退化指标

　　本节定义 RBF 神经网络的隶属度值[11]作为性能退化指标。其中，RBF 神经网络的径向核函数选用高斯函数，提取振动信号的小波包奇异谱熵特征作为训练模型的输入特征，计算轴承全周期数据聚类中心与原始数据点的欧氏距离，通过式（8.4）计算输出 y 值。

评价结果 DI 值为样本隶属度，取值范围为 $[0,1]$，记为 $A(x)$。隶属度 $A(x)$ 数值越大，表示 x 隶属于 A 的程度越强。对于对象 $x_1,x_2,\cdots,x_n$，模糊集合隶属公式为：

$$A = \{(A(x_i),x_i)|x_i \in X\} \tag{8.5}$$

而 RBF 神经网络输出值的隶属度公式为：

$$A_i = \frac{1}{\left(\dfrac{d_{ij}}{d_{ik}}\right)^{2/(q-1)-1}} \tag{8.6}$$

式中，A_i 为第 i 个测试值的隶属度值；q 为模糊信息系数；d_{ij}、d_{ik} 为第 i 个测试值到第 j 个动量因子和第 k 个动量因子的距离。

8.4.2　构建非线性 Wiener 退化过程模型

1. 轴承性能退化模型

将轴承的性能退化值定义为 $X(t)$，且 $X(t)$ 满足

$$X(t) = X(0) + a\int_0^t \lambda(t;\vartheta)\mathrm{d}t + \sigma B(\tau(t;\gamma)) \tag{8.7}$$

式中：$\lambda(t;\vartheta)$ 与 $\tau(t;\gamma)$ 为在时间 t 上的连续递增函数。为了体现退化量随时间变化的不确定性，引入非线性布朗运动 $B(\tau(t;\gamma))$。为保障数据的可分析性，假定 $X(0)=0$，进一步假定 $\Lambda(t;\theta)=\int_0^t \lambda(\mu;\vartheta)\mathrm{d}u$，即

$$X(t) = a\Lambda(t;\theta) + \sigma B(\tau(t;\gamma)) \tag{8.8}$$

这里假定 a 为一正态随机变量，均值为 μ_0、方差为 $\sigma_0{}^2$，即 $a \sim N(\mu_0,\sigma_0{}^2)$。

由于 $\Lambda(t;\theta)$ 呈现非线性特性，依据 Si[12] 的研究，将概率密度函数的近似表达式定义为：

$$f(t\,|\,a) \cong \frac{1}{\sqrt{2\pi t}}\left(\frac{S(t)}{t}+\frac{\lambda(t;\theta)}{\sigma}\right)\exp\left(-\frac{S^2(t)}{2t}\right) \tag{8.9}$$

$$S(t) = \frac{1}{\sigma}(D - a\Lambda(t;\theta)) \tag{8.10}$$

由于滚动轴承退化模型具有复杂性，准确的失效概率密度函数表达式通常难以得到[13]。在考虑实际工况情况下，给定 a 值，将退化量 $X(t)$ 达到阈值的时间定义为 T，非线性布朗运动 $B(\tau(t;\gamma))$ 首达时间为 $D(t)$，即

$$T = \inf\{t, B(\tau(t;\gamma)) \geqslant D(t)\} \tag{8.11}$$

$$D(t) = \frac{D - a\Lambda(t;\theta)}{\sigma} \tag{8.12}$$

其余未知参数是固定的，且参数之间互不影响。定义漂移系数 $\Lambda(t;\theta)=b^t$ 和 $\Lambda(t;\theta)=e^{bt}$，两个漂移系数对应模型 M_1 和模型 M_2，为得到随机参数 a 作用下的轴承剩余寿命表达式，引入定理 1：

定理 $1^{[14]}$：若 $Z \sim N(\mu, \sigma^2)$，$\omega, A, B, C \in R$，得到下式：

$$E_Z\left[(D-AZ)\exp\left(-\frac{(\omega-BZ)^2}{2C}\right)\right]$$

$$=\sqrt{\frac{C}{B^2\sigma^2+C}}\left(D-A\frac{B\sigma^2\omega+\mu C}{B^2\sigma^2+C}\right)\times\exp\left(-\frac{(D-B\mu)^2}{2(B^2\sigma^2+C)}\right) \quad (8.13)$$

2. 失效概率密度函数

结合定理 1、式（8.9）、式（8.11）及式（8.12），若 b 是固定值，且 $a \sim N(\mu, \sigma^2)$，首达时间概率密度函数可表示为：

$$M_1: f_{T|M_1}(T|M_1) \cong \frac{1}{\sqrt{2\pi t^3(\sigma_0^2 t^{2b-1}+\sigma^2)}}\times\left(D-(t^b-bt^b)\frac{D\sigma_0^2 t^{b-1}+\mu_0\sigma^2}{\sigma_0^2 t^{2b-1}+\sigma^2}\right)\times$$

$$\exp\left[-\frac{(D-\mu_0 t^b)^2}{2t(\sigma_0^2 t^{2b-1}+\sigma^2)}\right] \quad (8.14)$$

$$M_2: f_{T|M_2}(T|M_2) \cong \frac{1}{\sqrt{2\pi t^2(\sigma_0^2\gamma(t)^2+\sigma^2 t)}}\times\left(D-\beta(t)\frac{D\sigma_0^2\gamma(t)+\mu_0\sigma^2 t}{\sigma_0^2\gamma(t)^2+\sigma^2 t}\right)\times$$

$$\exp\left[-\frac{(D-\mu_0\gamma(t))^2}{2(\sigma_0^2\gamma(t)^2+\sigma^2 t)}\right] \quad (8.15)$$

其中，$\gamma(t)=\exp(bt)-1$，$\beta(t)=\exp(bt)-b\exp(bt)-1$。

3. 剩余寿命概率密度函数

令 $D_h = D - X(t_h)$，滚动轴承在时刻 t_h 的剩余使用寿命 L_h 可表示为 $X(t_h+1)-X(t)$ 首达 D_h 的剩余寿命。定义 $s_h = \Delta\tau(t_h+l;\gamma)$，$Y_h(s_h)=X(t_h+l)-x(t_h)$，假定 s_h 为 $Y_h(s_h)$ 首达 D_h 的剩余寿命，即

$$S_h = \inf\{s_h : Y_h(s_h) \geqslant D_h\} \quad (8.16)$$

通过式（8.16）中的首达时间计算滚动轴承的剩余使用寿命概率密度，轴承 i 的退化指标 DI 值以及滚动轴承总体的退化信息可描述为：

$$f_{L_h}(l|a_h) \cong \frac{1}{A_{L_h}}\frac{1}{\sqrt{2\pi\Delta\tau(t_h+l;\gamma)}}\times\left(\frac{D_{Y_h}(\Delta\tau(t_h+l;\gamma))}{\Delta\tau(t_h+l;\gamma)}+\frac{\kappa_h(\Delta\tau(t_h+l;\gamma);\theta)}{\sigma}\right)\times$$

$$\exp\left(-\frac{\left(D_{Y_h}(\Delta\tau(t_h+l;\gamma))\right)^2}{2\Delta\tau(t_h+l;\gamma)}\right)\frac{\mathrm{d}\Delta\tau(t_h+l;\gamma)}{\mathrm{d}l} \quad (8.17)$$

4. 估计模型参数

根据上述描述可知，为了更准确地预测滚动轴承的剩余使用寿命，以及获得更确切的表征滚动轴承的性能退化特征，需要对参数进行估计：

$$X_i = (X_i(t_{i,1}), X_i(t_{i,2}), \cdots, X_i(t_{i,n_i}))^{\mathrm{T}} \quad (8.18)$$

不同滚动轴承具有不同的退化速率，为凸显不同滚动轴承之间的差异，本节在后续研究中随机化退化模型中的相关参数，如假定 a 为一随机正态变量，方差为 σ_0^2、均值为 μ_0，结合式（8.19），求得 X_i 是服从协方差为 $\sum_i = \Omega_i + \sigma_0^2 \Lambda_i \Lambda_i^{\mathrm{T}}$ 和均值向量为 $\mu_0 \Lambda_i$ 的正态型随机向量，即

$$X_i \sim N(\mu_0 \Lambda_i, \sum_i) \quad (8.19)$$

其中

$$\Omega_i = \sigma^2 \begin{bmatrix} \tau(t_{i,1};\theta) & \tau(t_{i,1};\theta) & \cdots & \tau(t_{i,1};\theta) \\ \tau(t_{i,1};\theta) & \tau(t_{i,2};\theta) & \cdots & \tau(t_{i,2};\theta) \\ \vdots & \vdots & & \vdots \\ \tau(t_{i,1};\theta) & \tau(t_{i,2};\theta) & \cdots & \tau(t_{i,n_i};\theta) \end{bmatrix} \quad (8.20)$$

本节选择测量时刻时同类滚动轴承性能参数相同，即 $t_{i,j} = t_j$，给定参数 $\theta, \gamma, \sigma, \mu_0, \sigma_0$ 的似然估计值表达公式为：

$$\hat{\mu}_0 = \frac{\sum_{i=1}^{m} \Lambda^{\mathrm{T}} \Omega^{-1} X_i}{m \Lambda^{\mathrm{T}} \Omega^{-1} \Lambda} \quad (8.21)$$

$$\hat{\sigma}_0^2 = \frac{1}{m(\Lambda^{\mathrm{T}} \Omega^{-1} \Lambda)^2} \sum_{i=1}^{m} \left(X_i - \hat{\mu}_0 \Lambda \right)^{\mathrm{T}} \times \Omega_i^{-1} \Lambda_i \Lambda_i^{\mathrm{T}} \Omega_i^{-1} (X_i - \hat{\mu}_0 \Lambda) - \frac{1}{\Lambda^{\mathrm{T}} \Omega^{-1} \Lambda} \quad (8.22)$$

进一步可计算出 θ、γ、σ 的轮廓似然函数，即

$$\ell(\theta, \gamma, \sigma \mid X, \hat{\mu}_0, \hat{\sigma}_0) = -\frac{mn\ln(2\pi)}{2} - \frac{m}{2} - \frac{m}{2}\ln|\Omega| - \frac{1}{2}\left(\sum_{i=1}^{m} X_i^{\mathrm{T}} \Omega^{-1} X_i - \frac{\sum_{i=1}^{m}(\Lambda^{\mathrm{T}} \Omega^{-1} X_i)^2}{\Lambda^{\mathrm{T}} \Omega^{-1} \Lambda} \right) -$$

$$\frac{m}{2}\ln\left(\frac{\sum_{i=1}^{m}(\Lambda^{\mathrm{T}} \Omega^{-1} X_i)^2}{m \Lambda^{\mathrm{T}} \Omega^{-1} \Lambda} - \frac{\left(\sum_{i=1}^{m} \Lambda^{\mathrm{T}} \Omega^{-1} X_i\right)^2}{m^2 \Lambda^{\mathrm{T}} \Omega^{-1} \Lambda} \right) \quad (8.23)$$

通过极大轮廓似然函数 $\ell(\theta, \gamma, \sigma \mid X, \hat{\mu}_0, \hat{\sigma}_0)$，计算出 θ、γ、σ 的预估值，根据式（8.22）和式（8.23）可计算出 μ_0 和 σ_0 的参数值。

5. 拟合度指标

为确切计算模型的拟合度及各退化模型之间的优劣，直接从原始数据 $t_{n,1}, \cdots, t_{n,m}$ 中获得经验分布值并进行比较，引入总体均方误差及 AIC，AIC 可均衡 log-*likelihood* 与参数数

量，防止拟合过程中过参数化问题。AIC 函数式计算公式为：

$$AIC = -2(\max \ell) + 2p \tag{8.24}$$

其中，$\max \ell$ 为最大似然估计值；p 为模型参数的个数。

MSE 是一种常用的评估拟合度的指标。值得注意的是，在统计文献和工程中，AIC 同样可以用来指导选择预测模型[12]。本方法中 MSE 计算式表示为：

$$MSE = \frac{1}{N}\sum_{n=1}^{N}\frac{1}{m_n}\sum_{j=1}^{m_n}(\hat{F}(t_{n,j},\hat{\Theta}) - \tilde{F}(t_{n,j}))^2 \tag{8.25}$$

式中，$\hat{F}(t_{n,j},\hat{\Theta})$ 表示为在故障点 n 的时间 $t_{n,j}$ 和 $\hat{\Theta}$ 的累积概率函数经验值；$\hat{F}(t_{n,j})$ 表示关于 $t_{n,j}$ 累积概率函数估计值。

为避免误用退化模型，本章研究引入平均无故障时间 MTTF，通过比较估计数值，可筛选出较高精度的估计结果和较好的退化模型参数。MTTF 函数表达式为：

$$MTTF = \int_0^\infty tf_t(t)\mathrm{d}t \tag{8.26}$$

6. 剩余寿命估算方法

选择滚动轴承振动信号具有代表性的特征作为输入向量，提取原始振动信号中小波包奇异谱熵为输入特征，使用失效信号特征和无故障信号特征训练 RBF 神经网络模型。通过欧氏距离的大小分类轴承振动信号，提取轴承全寿命加速疲劳振动周期数据小波包奇异谱熵，并用于验证 RBF 模型。将 RBF 神经网络输出结果的隶属度定义为轴承退化状态评价值，将不同退化状态的退化特征输入非线性 Wiener 模型，根据对数似然值和 AIC 信息准则，比较不同非线性 Wiener 模型，为实时更新模型参数值得到精准的预测效果。本节引入极大化轮廓似然函数，用于预测轴承剩余使用寿命。剩余寿命预测详细流程如图 8.8 所示。

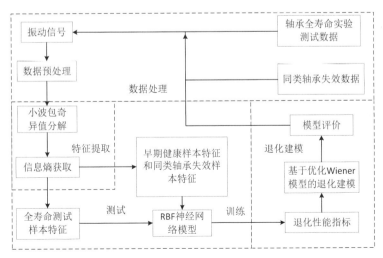

图 8.8　滚动轴承寿命预测详细流程

8.4.3 优化 Wiener 模型在轴承退化建模中的应用

1. 实验数据介绍

为检验不同非线性 Wiener 模型的性能,利用原始振动数据对所有非线性 Wiener 过程模型进行验证分析。采用 PRONOSTIA 实验平台(见图 8.9)振动传感器收集的滚动轴承全寿命周期振动数据[15]。

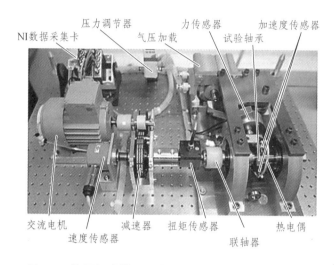

图 8.9 基于加速轴承退化的 PRONOSTIA 实验平台

实验按照固定的速度运行,认定轴承失效的条件为任意方向上的振动信号幅值超过 $20\,\mathrm{m/s^2}$[16]。轴承失效时就停止本组轴承信号采集实验。在实验过程中,做滚动轴承疲劳加速实验,对滚动轴承施加了 4000 N 的径向额定载荷,轴承发生的故障类型包括滚珠、内圈、外圈或保持架。采用 NI 数据卡收集振动信号;通过连续窗口采集加速度信号,每 10 s 重复一次,持续时间为 0.1 s,采样频率为 25.6 Hz。本节以辛辛那提 Bearing1_1 全寿命周期数据进行预测,全部训练样本共 2803 组。

2. 退化性能指标

选用轴承全寿命加速疲劳振动信号中部分无故障轴承的振动信号和部分失效轴承的振动信号,提取采集样本的小波包奇异谱熵,生成 110×16 的输入矩阵,作为 RBF 神经网络训练样本。将训练数据输入 RBF 神经网络,迭代训练出样本聚类中心。再对滚动轴承全寿命周期数据进行训练,并提取小波包奇异谱熵,生成大小为 2803×16 的测试样本矩阵。将训练样本和测试样本以迭代的方式输入训练模型中,计算无故障样本到测试样本中心聚类点的最优值 d_1。同理,得到失效样本到测试样本的最优聚类值 d_2。通过 d_1、d_2,计算样本集隶属度,作为滚动轴承退化状态评价指标的 DI 值。为避免干扰噪声的影响,通过五点滑动法对结果进行优化。退化状态评价结果如图 8.10 所示。

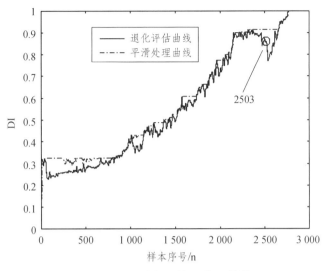

图 8.10　RBF 神经网络退化评估结果

从图 8.10 可以看出，滚动轴承退化性能指标曲线于第 2503 点出现大幅回落的现象，表明滚动轴承已被持续磨损后急剧损坏直至失效。

3. 剩余寿命预测

所取样本共 11 组数据，选用图 8.10 所示轴承退化性能指标从第 1000 点至第 2000 点的隶属度值等间隔取值。

滚动轴承的性能退化程度均值与时间成比例[16]，即

$$E(X(t)) \propto t^b \qquad (8.27)$$

本节轴承的退化模型中，a 为固定值，$X(t)$ 在时刻 t 的均值为 $a\Lambda(t;\theta)$。

学者 Peng[17]和 Tseng 采用线性漂移 Wiener 过程模型，在实际应用中有较好的通用性，本节将该模型定为模型 M_0。其次，对轴承原始振动信号通过 $\log X(t)$ 进行转换，将振动信号在线性层次进行分析，模型 M_2 为模型 M_0 的改进型，即将线性数据用于 M_0 中。再改变 M_0 超参数，将阈值定为 1，定义为模型 M_3。计算 M_0、M_1、M_2、M_3 最大似然估计值并对比分析。对应的，平均无故障时间 MTTF，对数似然函数 $\log\!-\!LF$；根据拟合模型计算出 AIC，MSE，结果如表 8.1 所示。

表 8.1　轴承退化数据四种拟合模型比较

模型	μ_0	σ_0	b	σ	$\log\!-\!LF$	MTTF	AIC	MSE
M_0	0.9875	0.0024	——	0.069	24.09	2.47	−42.18	0.0077
M_1	0.995 65	0.0028	0.97	0.074	24.19	2.49	−40.26	0.0042
M_2	6.1869	0.6787	0.06	0.079	24.15	4.91	−40.90	0.0191
M_3	0.1275	0.058	——	0.949	7.17	2.29	−14.94	0.1091

观察表 8.1 发现，M_0、M_1、M_2 的 log–LF 和 AIC 大致相同，证明所采用的振动信号特征呈线性退化特性。另外，计算模型 M_1，得到 $b=0.97$，与其余模型比较，M_1 中 b 更贴近于 1。理论上，如果退化特征呈线性，模型 M_1 等同于模型 M_0，同时也说明了模型 M_1 更适用，更宜用于预测滚动轴承寿命。而模型 M_3 在处理滚动轴承振动数据时，没有呈现出令人满意的拟合度。

为验证模型 M_1 预测的准确性，需要检验 M_1 最大似然估计值是否为极大值。故绘制出 3-D 透视图如图 8.11 所示，轮廓似然值图像是凸的，证明了其最大值的唯一性。

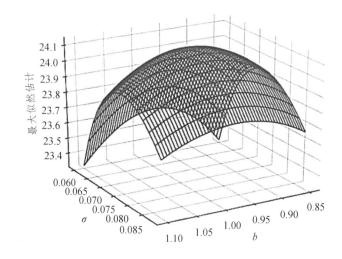

图 8.11　模型 M_0 下轴承数据关于（σ，b）的最大似然估计值

相应地，本节列举出模型 M_0、M_1、M_2、M_3 在初始时刻的寿命概率密度，如图 8.12 所示。寿命预测概率密度显示，模型 M_0、M_1 的预测结果相似且比模型 M_2、M_3 精确。为更准确地证实模型 M_0、M_1 的准确性和适用性，分别标识各个样本点的预测值在模型 M_0、M_1、M_2、M_3 的位置，组成剩余寿命预测曲线，如图 8.13 所示。

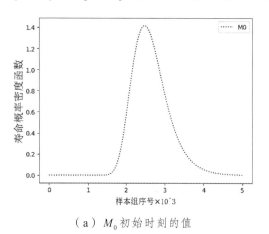

（a）M_0 初始时刻的值

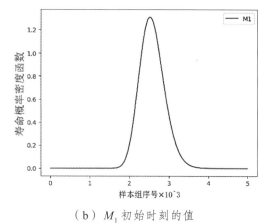

（b）M_1 初始时刻的值

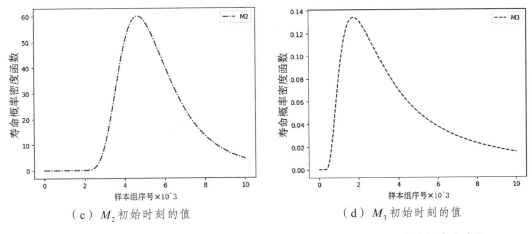

（c）M_2 初始时刻的值 （d）M_3 初始时刻的值

图 8.12 初始状态下比较轴承数据在模型 M_0、M_1、M_2、M_3 下寿命概率密度值

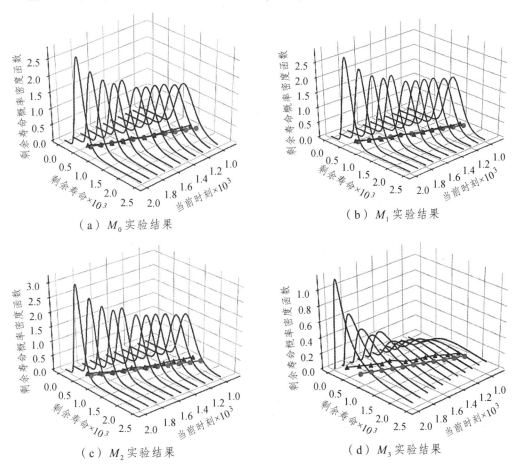

（a）M_0 实验结果 （b）M_1 实验结果

（c）M_2 实验结果 （d）M_3 实验结果

图 8.13 比较轴承数据在模型 M_0、M_1、M_2、M_3 下寿命预测值

图 8.13 中，实际剩余寿命与预测剩余寿命分别用圆圈和三角形标记绘制。从图中可看出，模型 M_1 比模型 M_2 预测精度高，而模型 M_0、M_1 的预测值与真实寿命值较为吻合，证明该模型预测精度高。该结果与表 8.1 中预测结果相同。

本章参考文献

[1] 梁文光. 基于 PHM 技术的铁路货车制动系统故障诊断研究[D]. 北京：北京交通大学，2019.

[2] 周建民，王发令，张龙，等. 基于 RBF 神经网络与模糊评价的滚动轴承退化状态定量评估[J]. 机械设计与研究，2019，35（06）：116-122+127.

[3] 周建民，高森，张龙，等. 基于 RBF 和优化 Wiener 模型的轴承剩余寿命预测[J]. 控制工程，2022，29（02）：246-253.

[4] 管硕，高军伟，张彬，等. 基于 K 聚类算法 RBF 神经网络交通流预测[J]. 青岛大学学报（工程技术版），2014，29（2）：20-23.

[5] 华丽，于海晨，邵诚，等. 基于 SVM-BOXPLOT 的乙烯生产过程异常工况监测与诊断[J]. 化工学报，2017，69（3）：1053-1063.

[6] "Bearing Data Set" in NASA Ames Prognostics Data Repository[EB/OL]. [2015, 06, 15]. http://ti.arc.nasa.gov/project/prognostic-data-repository.

[7] 周建民，徐清瑶，张龙，等. 结合小波包奇异谱熵和 SVDD 的滚动轴承性能退化评估[J]. 机械科学与技术，2016，35（12）：1882-1887.

[8] 王发令. 轴承性能退化评估的特征评价及模型构建[D]. 南昌：华东交通大学，2020.

[9] Niu L, Cao H, He Z, et al. A systematic study of ball passing frequencies based on dynamic modeling of rolling ball bearings with localized surface defects[J]. Journal of Sound & Vibration, 2015, 357: 207-323.

[10] 周建民，王发令，张臣臣，等. 基于特征优选和 GA-SVM 的滚动轴承智能评估方法[J]. 振动与冲击，2021，40（4）：227-234.

[11] 周建民，张臣臣，王发令，等. 结合马氏距离与隶属度函数的轴承性能退化研究[J]. 制造技术与机床，2019，（5）：62-66.

[12] Si X S, Wang W, Hu C H, et al. Remaining Useful Life Estimation Based on a Nonlinear Diffusion Degradation Process[J]. IEEE Transactions on Reliability, 2012, 61(1): 50-67.

[13] 高森. 滚动轴承特征提取与剩余使用寿命预测方法研究[D]. 南昌：华东交通大学, 2022.

[14] Nectoux P, Gouriveau R, Medjaher K, et al. PRONOSTIA: an Experimental Platform for Bearings Accelerated Degradation Tests[C]. California: IEEE International Conference on Prognostics and Health Management, 2012.

[15] 张元庆, 陶志鹏. 广义嵌套空间模型变量选择研究——基于广义空间信息准则[J]. 统计研究，2017，34（9）：100-107.

[16] Noortwijk J. A Survey of the Application of Gamma Processes In Maintenance[J]. Reliability Engineering & System Safety, 2009, 94(1): 2-21.

[17] Peng C Y, Tseng S T. Mis-specification Analysis of Linear Degradation Models[J]. IEEE Transactions on Reliability, 2009, 58(3): 444-455.

【 第 9 章 】>>>>
基于卷积注意力长短时记忆网络的轴承寿命预测方法

9.1 引 言

设备故障的发生蕴含一定的客观规律,当设备中的轴承在运行过程中发生故障时,会造成设备性能状态的退化,并且随着时间的推移,设备的性能会逐步下降[1]。事实表明,研究轴承的不同退化状态和演化程度,建立时间序列数据的上下依赖性及发展运行规律,是做好寿命预测的关键一步。

针对轴承的寿命预测方法,目前的研究包含设备失效机理模型法、数据驱动法和融合法[2],这些方法均有利弊。而传统的寿命预测方法大多依靠人工来提取特征,致使预测结果的准确性不高、稳定性不强,如何有效地自动提取相关故障特征信息,对于设备的剩余寿命预测至关重要。自深度学习的理论被提出以来,基于深度学习的寿命预测方法也不断被提出和应用。本章提出一种基于卷积注意力长短时记忆网络(Convolutional Attention Long-short Term Memory Network,CAN-LSTM)的剩余使用寿命预测模型,其网络结构如图 9.1 所示。

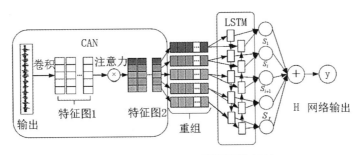

图 9.1　CAN-LSTM 预测网络结构

注意力机制(Attention Model,AM)具备快速提取关键信息的能力[3],因此在寿命预测、图像分析和语言处理等方面得到广泛应用。本章模型将注意力模块、有效学习通道和时间维度中的深层特征融合到 CNN 中,增强了网络模型的表征能力,从而避免应用传统算法所需要的专家经验。此外,LSTM 可以有效地解决神经网络由于长序列训练造成的 RNN 梯度爆炸或梯度消失问题[4][5]。该模型利用 LSTM 的这种特性,对深层退化信息特征进行训练,从而达到对滚动轴承剩余寿命的预测[6]。

9.2 CAN 模型

在进行轴承寿命预测的过程中，特征提取是关键的一步[7]，特征提取的不同会影响最终的预测结果[8]。针对轴承寿命预测研究的信号包含振动信号、声发射信号和磁通量信号等，但研究表明，振动信号是最广泛得到应用的。针对振动信号的特征提取方法有许多，但如何提取到更深层、更具有代表性的特征仍是一个需要解决的难点。CAN 模型为 CAN-LSTM 模型的前端，由卷积神经网络 CNN 和自注意力模块组成，是一个具备表述数据特征功能的特征学习网络。CAN 模型需要导入传感器采集的原始振动信号，然后通过注意力机制和卷积网络结合的模块进行训练，从而获得相关特征。

9.2.1 CNN

CNN 概念较为抽象，其结构类似于人体的神经元组织，是一种具有深度结构的前馈神经网络[9]。它被广泛应用于振动信号、图像信息、文本视频的处理，具备将原始轴承信号转换为更抽象、更深层次表达的能力。

CNN 主要由卷积层和池化层组成，在卷积过程中，需要卷积核参数共享和进行层间连接，使得 CNN 可以通过一次次的卷积运算不断精确提取输入数据的特征，使其更加具有代表性，以此方便后续的诊断与预测工作。由于本章针对一维振动数据进行 RUL 预测，因此，需要选用一维卷积神经网络，即 1D-CNN，其示意图如图 9.2 所示。

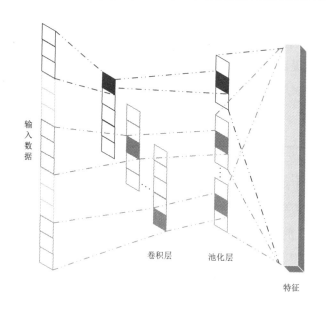

图 9.2　一维 CNN 示意图

本模型所应用到的 CNN 的每个卷积块包括两个卷积层和一个池化层。卷积层会完成相当于"滤波器"的运算过程，对于获取到的数据，卷积核以一定间隔进行滑动，并配置一定的权重和偏置进行相应的乘法运算与加法运算，从而获取对应的特征。

而应用池化层是为了减小运算成本，对一定区域内的数据进行筛选，从而缩小一维数据的长度。一般情况下，进行池化的窗口大小及移幅会设置成相同数值，在池化层中，没有配对的相应参数和权重，其只是单纯从目标区域中提取数据，不存在需要学习的参数。本模型应用的 CNN 卷积块结构如图 9.3 所示。

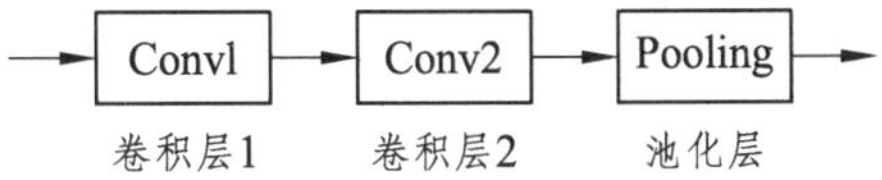

图 9.3　CNN 卷积块

在这一过程当中，要获取的关键信息为卷积后的特征和池化后的特征。$x^{l-1} \in R^{H \times 1 \times C}$ 代表数据的输入值，$k^l \in R^{F \times 1 \times C \times N}$ 表示卷积核函数，其中 H 代表输入特征的长度，C 代表输入通道的数量，$F \times 1$ 代表卷积核尺寸，N 代表卷积核数量。因此，可知第 l 卷积层中的第 n 项特征 x_n^l 公式为：

$$x_n^l = \sigma_r(u_n^l) \tag{9.1}$$

$$u_n^l = k_n^l * x^{l-1} + b_n^l = \sum_{c=1}^{C} k_n^l * x_c^{l-1} + b_n^l \tag{9.2}$$

其中，$\sigma_r(\cdot)$ 是 ReLU 非线性激活函数；u_n^l 是卷积网络的输出；* 代表卷积运算；k_n^l 为第 n 项卷积核；b_n^l 是偏差项。

池化层用于降低特征的维度，可以使特征更加紧凑。在卷积块中，池化层放置在第二个卷积层之后，并对每个输入特征执行最大池化操作。第 l 池化层中的第 n 项特征 y_n^l 计算公式为：

$$y_n^l = \text{pool}(y_n^{l-1}, p, s) \tag{9.3}$$

其中，y_n^{l-1} 为第 n 层输入特征即在前一卷积层的第 n 层特征；$\text{pool}(\cdot)$ 为最大池化层；p 为池化参数；s 为步长尺寸，选用非重叠窗口执行最大池化操作，即 $p = s$。

9.2.2　注意力机制

神经网络的容量并不是无限的，所以需要一种选择机制来处理过载信息。注意力具备一种从大批量数据中选择出少量有用、有代表性的信息进行处理的能力，因此本章选用该机制进行神经网络的搭建。

自注意力模型（Self-attention Model，SAM）包括通道注意力（Channel Attention Module，CAM）和时间注意力（Temporal Attention Module，TAM）。CAM 可以无缝地集成到其他网络模型中，各特征组对应的每个通道都表示不同的"筛选模块"，也就是说，CAM 机制更加关注哪种特征具备更高的意义；而 TAM 的作用则是决定何时选择机制，从而使网络模型可以更快速、灵活地捕捉特征间复杂的时间关系。这两种注意力机制以串联方式组合，自注意力模型结构如图 9.4 所示。从模型中可以看出，深度学习模型从学习和时间这两个维度来获取特征，可以有效地提高网络模型的表征能力。

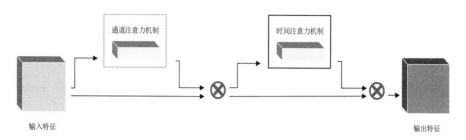

图 9.4 自注意力模型结构

自注意力模型特征变换方式如图 9.5 所示，模型从不同的传感器序列中提取特征输出，即要导入注意力机制的 $z^{l-1} \in R^{I \times 1 \times J}$，将其输入自注意力模块后，依次计算通道注意力权值 $\alpha^{l} \in R^{I \times 1 \times J}$ 和时间注意力权值 $\beta^{l} \in R^{I \times 1 \times J}$，其中 I 是特征输出的长度，$J = N \times S$ 是特征输出的数量，S 为输入传感器序列的通道数量。

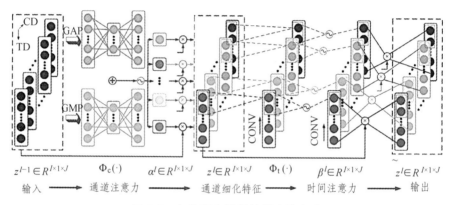

图 9.5 自注意力模型特征变换方式

通过以上运算，可以得到注意力机制公式为：

$$\tilde{z}^{l} = \alpha^{l} \otimes z^{l-1} = \Phi_{c}(z^{l-1}) \otimes z^{l-1} \tag{9.4}$$

$$z^{l} = \beta^{l} \otimes \tilde{z}^{l} = \Phi_{t} \tilde{z}^{l}() \otimes \tilde{z}^{l} \tag{9.5}$$

其中，$\otimes$ 表示相应元素相乘；$\tilde{z}^{l} \in R^{I \times 1 \times J}$ 为通道注意力细化特征输出；$z^{l} \in R^{I \times 1 \times J}$ 为时间注意力输出；$\Phi_{c}(\cdot)$ 和 $\Phi_{t}(\cdot)$ 分别表示通道和时间注意力功能。具体描述如下：

通道注意力是通过通道之间相互关系来进行建模的。首先通过全局平均池化（Global Average Pooling，GAP）和全局最大池化（Global Max Pooling，GMP）来整合所有通道的全局信息，并生成两个不同的通道 $v^{l} \in R^{J}$ 和 $m^{l} \in R^{J}$，v^{l} 和 m^{l} 都包括 J 通道的统计信息。具体计算公式为：

$$v_{j}^{l} = \frac{1}{I} \sum_{i=1}^{I} z_{j,i}^{l-1} \tag{9.6}$$

$$m_{j}^{l} = \max(z_{j}^{l-1}) \tag{9.7}$$

然后，将 v^{l} 和 m^{l} 输入具有一个隐单元的多层感知器（Multi-Layer Perceptron，MLP），以捕捉通道间的联系并估计每个通道的信息量。再采用相应元素累加的方法对两个 MLP

的输出进行合并，得到通道注意力权重 α^l，计算公式为：

$$\alpha^l = \sigma_{h\_s}(W_{12}^l(W_{11}^l v^l) \oplus W_{22}^l(W_{21}^l m^l)) \tag{9.8}$$

其中：$\oplus$ 表示元素累加；$\sigma_{h\_s}(\cdot)$ 表示 hard sigmoid 函数；$W_{11}^l \in R^{\frac{J}{r} \times J}$，$W_{12}^l \in R^{J \times \frac{J}{r}}$，$W_{21}^l \in R^{\frac{J}{r} \times J}$，$W_{22}^l \in R^{J \times \frac{J}{r}}$ 为 MLP 中的权重矩阵。最后，通道注意力细化特征映射值 $\tilde{z}^l$ 由退化特征 z^{l-1} 和通道注意力权值 α^l 对应元素相乘得到，即 $\tilde{z}_j^l = \alpha^l \cdot z_j^{l-1}$。

　　输入传感器序列通常包含一些明显的退化特征，这在 RUL 预测的时候起着关键的作用。重要的是，呈现退化状态的特征在沿时间轴的方向是离散分布的，如果将从输入传感器序列中提取的信息直接用于预测 RUL，则会因为位置不相关而无法得到最终优化结果。因此，时间注意力不是平等地考虑每个时间位置，而是主要考虑与退化状态相关的位置。也就是说，给定传感器数据后，时间注意力会寻找显著特征的具体位置，属于对通道注意力的补充。

　　时间注意力通过每个通道的前后关系捕捉特征位置。在时间注意力中首先使用深度可分离卷积对注意力细化特征输出 z^l 进行卷积运算，采用 hard sigmoid 函数实现非线性激活，得到时间注意力权重 β^l，β^l 中第 j 个权重计算公式为：

$$\beta_j^l = \sigma_{h\_s}(D_{2,j}^l * (D_{1,j}^l * \tilde{z}_j^l + b_{1,j}^l) + b_{2,j}^l) \tag{9.9}$$

其中，$*$ 表示可分离卷积；$D_{1,j}^l \in R^{F' \times 1}$ 和 $D_{2,j}^l \in R^{F' \times 1}$ 表示第 j 个通道的可分离卷积的卷积核；$F' \times 1$ 为可分离卷积核尺寸；$b_{1,j}^l$ 和 $b_{2,j}^l$ 为误差项。最后，通过 β^l 和 $\tilde{z}^l$ 对应元素相乘，得到细化特征输出 z^l，作为后续卷积网络的输入。

9.3　LSTM 神经网络

　　长短期记忆网络是由循环神经网络（Recurrent Neural Network，RNN）进行的一种改进[10]。RNN 适合处理任意长度输入和多输出的问题，因此常被用来作为预测的基本结构[11]，处理序列数据。图 9.6 为 RNN 的基本结构。

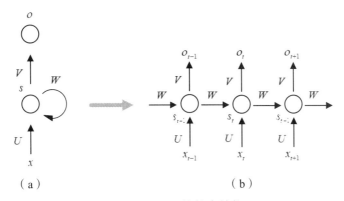

图 9.6　RNN 的基本结构

图 9.6（a）中，x 代表输入数据，s 代表隐藏层，o 代表输出结果，U、W、V 代表权

重。因此在训练过程当中，RNN 只需要对 U、W、V 三个参数进行调整。右图为左图的展开图，可以发现，RNN 是一个单元结构在不断地重复使用。

RNN 每一次隐藏层的值为：

$$S_t = f(U * X_t + W * S_{t-1}) \tag{9.10}$$

其中，$f(\cdot)$ 表示激活函数；U、W 表示权重；X_t 表示该层级的输入；S_{t-1} 表示上一次隐藏层的值。

在预测过程中，还要配备相应的权重：

$$o_t = g(V * S_t) \tag{9.11}$$

其中，$g(\cdot)$ 表示激活函数；V 代表权重；S_t 表示上一次隐藏层的值。

LSTM 在实际训练过程中引入了细胞态和复杂的门运算，可以有效解决 RNN 梯度消失或爆炸的问题，并且降低了数据间的时间依赖性。对于 LSTM 基础理论的详细介绍见第 3 章。

9.4 基于 CAN-LSTM 模型的剩余寿命预测方法

本节所提出的基于 CAN-LSTM 模型的预测滚动轴承 RUL 方法流程如图 9.7 所示。

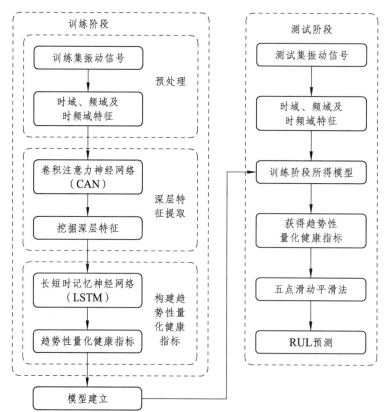

图 9.7 预测滚动轴承 RUL 方法流程

所提方法的具体步骤如下。

（1）构建故障特征集。

输入轴承原始振动信号，从中进行特征的提取。对于时域特征和频域特征，包括均方根、峭度、峰值、偏斜度等，之后将获取的特征矩阵进行归一化处理。选取 db5 小波包对原始特征进行分解，生成的 8 个频率子带的能量比作为时频域特征。将所提取的时域特征、频域特征和时频域特征融合，构建成输入特征集。

（2）定义故障时间标签。

从轴承退化点到完全失效的时间间隔作为轴承的整体寿命，将这段时间标准化为 [0,1]，并作为 CAN-LSTM 网络训练的标签。

$$y = \frac{i-k}{n-k-1} \tag{9.12}$$

其中，i 表示当前时刻；n 表示轴承寿命值；k 表示故障起始时刻。

（3）训练 CAN 网络。

对 CAN 网络的超参数进行设置，从而确定网络模型训练特征参数集。之后输入选取的轴承故障特征和 RUL 归一化的时间标签，之后对 CAN 网络进行训练，充分挖掘振动信号特征。

（4）进行 RUL 预测。

将获取到的振动信号深层特征输入 LSTM 网络中，利用其循环网络结构，获取特征量化值。

（5）预测结果评价。

为降低震荡对预测值的影响，采用五点滑动平滑法对量化值进行处理，运用评价函数对量化值结果进行评价。

9.5 实验结果与分析

使用 XJTU-SY[12] 的轴承数据集对 CAN-LSTM 模型进行 RUL 实验验证，测试轴承类型为 LDK UER204。加速度信号是在连续的窗口中采集的，持续时间为 1.28 s，每 1 min 重复一次，采样频率为 25.6 Hz。通过计算可知，每 1 min 的特征数据包括 32 768 个采样点，轴承可能发生任何类型的故障（内圈、外圈、滚珠、保持架或混合故障）。

根据文献[13][14]的研究可知，轴承加速疲劳振动信号中，相对于垂直振动信号，水平振动信号包含更多表征轴承退化方面的特征，故本章实验验证使用水平振动信号。轴承试验台如图 9.8 所示。

该数据集包括了 3 种工况下的 15 个滚动轴承的全寿命周期振动信号，在实验中详细记录了每个轴承的故障类型、实际寿命、额定使用寿命和样本总数，以便于研究者有所参考地选取实验数据。工况 1 在 2100 r/min 的转速下运行，其载荷为 12 kN；工况 2 在 2 250 r/min 的转速下运行，其载荷为 11 kN；工况 3 在 2400 r/min 的转速下运行，其载荷为 10 kN。详细数据信息如表 9.1 所示。

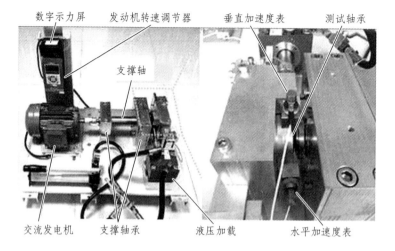

图 9.8 轴承试验台

表 9.1 轴承运行条件

工况	转速/（r/min）	载荷/kN
工况 1	2100	12
工况 2	2250	11
工况 3	2400	10

在 3 种不同的工况下，各有 5 种轴承进行实验，其额定寿命在 5 ~ 14 h，实际寿命在 0 ~ 43 h 之间不等，故障类型包含外圈故障、内圈故障、保持架故障、滚动体故障以及混合故障。轴承数据集具体信息如表 9.2 所示。

表 9.2 轴承数据集具体信息

工况	数据集	样本总数	基本额定寿命	实际寿命	故障类型
1	Bearing1_1	123		2 h 3 min	外圈
	Bearing1_2	161		2 h 41 min	外圈
	Bearing1_3	158	5.600 ~ 9.677 h	2 h 32 min	外圈
	Bearing1_4	122		2 h 2 min	保持架
	Bearing1_5	52		52 min	内圈、外圈
2	Bearing2_1	491		8 h 14 min	内圈
	Bearing2_2	161		2 h 41 min	外圈
	Bearing2_3	533	6.786 ~ 11.726 h	8 h 38 min	保持架
	Bearing2_4	339		5 h 39 min	外圈
	Bearing2_5	42		42 min	外圈

续表

工况	数据集	样本总数	基本额定寿命	实际寿命	故障类型
3	Bearing3_1	2538	8.468 ~ 14.632 h	42 h 18 min	外圈
	Bearing3_2	2496		41 h 36 min	内圈、滚动体、保持架、外圈
	Bearing3_3	371		6 h 11 min	内圈
	Bearing3_4	1515		25 h 15 min	内圈
	Bearing3_5	114		1 h 54 min	外圈

根据表 9.2 可知,第一种工况下,Bearing1-2 这一组数据集包含的样本总数有 161 个,其故障类型仅包含外圈故障,故障单一,无其他干扰故障,适合参与模型的搭建。模型仅在一种工况下进行寿命预测,不能证明该模型具备良好的预测能力,因此,需要另外一种工况下的轴承数据来验证模型的泛化能力。分析第二、三种故障,第二种工况下,Bearing2-2 这一组数据具备和 Bearing1-2 同样的数据个数,其实际寿命也基本相同,故障类型均为外圈,适合作为验证模型的一组数据,第二种工况下的其他数据长度和 Bearing1-2 并不匹配。第三种工况下,其数据长度和故障类型均不和 Bearing1-2 相匹配,因此也不适合作为验证模型的数据。综上所述,选择 Bearing1-2 来训练模型并进行寿命预测,选择 Bearing2-2 作为模型泛化能力好的验证数据。

根据以上分析,选用数据集中 Bearing1-2 和 Bearing2-2 为 CAN 模型的验证数据,这两组数据均包含 161 个数据样本,实验中均选取前 160 个样本。在 CAN 模型中,使用 Adam 作为优化器,通过迭代更新的方式不断优化网络权值,并且选择 MAE 和 RMSE 作为 CAN-LSTM 的评价指标。在数据输入之前,将训练集标签值定义在 0 和 1 之间,避免失效阈值不确定性对预测结果的影响。

为了验证模型的有效性,分别设置 4 组实验,即将 CAN-LSTM 预测模型与 CNN 预测模型、LSTM 预测模型、CNN-LSTM 预测模型进行对比。Bearing1-2 数据用于模型训练以及数据预测,预测结果如图 9.9 所示;Bearing2-2 应用 Bearing1-2 得到的模型进行数据预测,预测结果如图 9.10 所示。图中横坐标为采样周期(10 s),纵坐标为趋势性健康量化指标,蓝色线为模型预测的轴承退化状态表征值,黑色线为轴承退化状态真实值。

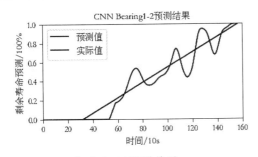

(a)CNN 预测结果

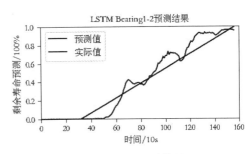

(b)LSTM 预测结果

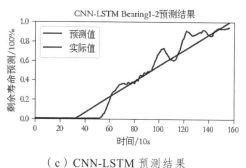

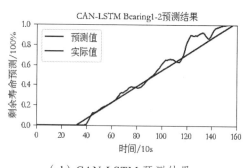

（c）CNN-LSTM 预测结果　　　　　　　　　（d）CAN-LSTM 预测结果

图 9.9　不同模型对 Bearing1-2 的预测结果对比

可以观察到，对于 Bearing1-2 数据进行 RUL 预测，图 9.9（a）所示 CNN 预测模型的预测结果与实际值相比偏差较大，真实退化点出现在第 32 个数据点，而预测的退化点却发生在第 52 个数据点，其滞后了 20 个数据点，而整体的曲线走势波动幅度很大，严重偏离真实曲线，160 个数据点内只有 7 次发生相交。

图 9.9（b）所示 LSTM 预测模型的预测结果与 CNN 相比波动幅度开始减缓，真实退化点出现在第 32 个数据点，而预测的退化点却发生在第 50 个数据点，真实退化点大约滞后 18 个数据点，整体的曲线走势不再那么陡峭，有贴合真实曲线的趋势，但对于两条曲线的大致走向，还具有一定的差距。

图 9.9（c）所示 CNN-LSTM 预测模型的预测结果与 CNN 相比波动幅度开始减缓，整体运行趋势和 LSTM 预测模型的预测结果大致相同，真实退化点出现在第 32 个数据点，而预测的退化点却发生在第 51 个数据点，真实退化点大约滞后 19 个数据点，整体的曲线走势虽然和真实曲线具有一定差距，但是在第 75～98 个数据点中，CNN-LSTM 预测模型的预测结果相当准确，但其他区域的数据预测差距较大。

图 9.9（d）所示 CAN-LSTM 预测模型的预测结果与前三种模型相比，波动平稳，曲线走势也和真实曲线非常相近，其真实退化点出现在第 32 个数据点，而预测的退化点却发生在第 40 个数据点，真实退化点大约滞后 8 个数据点，模型的预测敏感度比前三种模型都要高，发现失效点更早。在第 40-120 个数据点中，CNN-LSTM 预测模型的预测结果都基本准确，只是 120 个数据点以后，预测数据出现大幅度的波动，预测数据偏移真实数据。该模型对于长时间的预测有一定的缺陷。

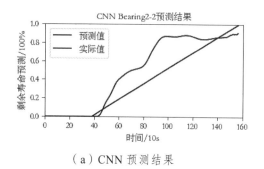

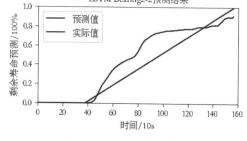

（a）CNN 预测结果　　　　　　　　　（b）LSTM 预测结果

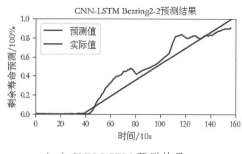
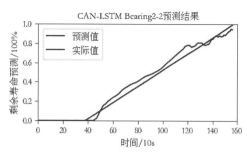

（c）CNN-LSTM 预测结果　　　　　　（d）CAN-LSTM 预测结果

图 9.10　不同模型对 Bearing2-2 的预测结果对比

Bearing2-2 数据集的应用是为了验证模型 CAN-LSTM 的泛化能力。图 9.10（a）中，CNN 模型的预测值大幅度偏移真实值，真实退化点发生在第 39 个数据点，而预测的退化点发生在第 43 个数据点，真实退化点大约滞后 4 个数据点。其预测灵敏度较好，但其预测值偏移过大，甚至在第 90 个数据点时便发生了 80%的寿命消耗，而此时真实数据寿命只消耗了 50%，预测结果差距过大，会对工业生产造成零件浪费。

图 9.10（b）所示 LSTM 预测模型的预测结果走势和 CNN 模型类似，但其幅度降低，真实退化点出现在第 39 个数据点，而预测的退化点发生在第 42 个数据点，真实退化点大约滞后 3 个数据点，从第 46 个数据开始，预测结果依旧开始产生偏移，之后偏移程度逐渐加大。该模型依旧不适合用于寿命预测。

图 9.10（c）所示 CNN-LSTM 预测模型中，无论是应用 Bearing1-2 数据集还是 Bearing2-2 数据集，都会在中途出现一段准确预测的片段。在 Bearing2-2 数据集的预测结果中，第 80～110 个数据点预测比较准确，其余预测区段都具有大幅度的偏差，真实退化点出现在第 39 个数据点，而预测的退化点发生在第 42 个数据点，真实退化点大约滞后 3 个数据点，预测灵敏度也比较高。

图 9.10（d）所示 CAN-LSTM 预测模型的预测结果与前三种模型相比，曲线走势依旧和真实曲线非常贴近，其真实退化点出现在第 39 个数据点，而预测的退化点发生在第 43 个数据点，真实退化点大约滞后 4 个数据点，模型的预测敏感度和前几种类似。从第 43 个数据点开始，到最终的第 160 个数据点，模型始终保持着较好的预测效果，其准确度偏差较小，寿命的消耗斜率也保持基本一致。

以上的实验证明，CAN-LSTM 在预测滚动轴承的剩余寿命上表现良好，泛化能力强，具有一定的可靠性。

为详细展现 CAN-LSTM 进行 RUL 预测的优越性，分别针对 4 种不同预测方法计算出 RMSE 以及 MAE，结果如表 9.3 所示。

表 9.3　不同模型的预测时间

时间/s	评价指标	CNN	LSTM	CNN-LSTM	CAN-LSTM
Bearing1_2	*RMSE*	0.094	0.079	0.069	0.052
	MAE	0.069	0.059	0.048	0.033

续表

时间/s	评价指标	CNN	LSTM	CNN-LSTM	CAN-LSTM
Bearing2_2	*RMSE*	0.174	0.123	0.082	0.046
	MAE	0.125	0.093	0.059	0.036

从表 9.3 可以看出，对于 Bearing1-2 数据集，*RMSE* 和 *MAE* 分别为 0.052 和 0.033，评价指标远低于其他模型；对于 Bearing2-2 数据集，*RMSE* 和 *MAE* 分别为 0.046 和 0.036，数值也比其他模型低。综上所述，与 CNN、LSTM、CNN-LSTM 这三种模型相比，CAN-LSTM 模型可以提供更准确的 RUL 预测结果，且预测效果稳定，接近真正的 RUL。

前三种模型没有 CAN-LSTM 模型预测效果好的原因是：CNN 模型没有考虑时序特征的长期依赖型，而 LSTM 模型和 CNN-LSTM 模型没有有效融合多传感器退化信息。CAN-LSTM 模型具备注意力机制融合退化信息的能力以及挖掘连续时序特征的能力，因此所提取的时间序列特征能够有效减少预测误差。

为了更确切地检验 CAN-LSTM 模型的准确性和适应性，现采用留一法检验模型，即在同种工况下选择轴承作为测试集，同工况其余轴承作为训练集，首先训练 4 种模型，然后对测试轴承进行预测。预测值如表 9.4 所示，结果包含了 4 种模型的预测值与真实值的 RMSE 和 MAE。

表 9.4　留一法实验结果

测试轴承	评价指标	CNN	LSTM	CNN-LSTM	CAN-LSTM
Bearing1_1	*RMSE*	0.211	0.102	0.081	0.067
	MAE	0.106	0.068	0.045	0.037
Bearing1_2	*RMSE*	0.094	0.079	0.069	0.052
	MAE	0.069	0.059	0.048	0.033
Bearing1_3	*RMSE*	0.299	0.154	0.094	0.071
	MAE	0.201	0.095	0.081	0.064
Bearing1_4	*RMSE*	0.105	0.107	0.081	0.048
	MAE	0.079	0.079	0.054	0.025
Bearing1_5	*RMSE*	0.221	0.213	0.177	0.155
	MAE	0.134	0.133	0.105	0.090
Bearing2_1	*RMSE*	0.112	0.092	0.081	0.067
	MAE	0.041	0.034	0.024	0.017
Bearing2_2	*RMSE*	0.174	0.123	0.082	0.046
	MAE	0.125	0.093	0.059	0.036
Bearing2_3	*RMSE*	0.146	0.125	0.094	0.081
	MAE	0.127	0.070	0.061	0.053

续表

测试轴承	评价指标	CNN	LSTM	CNN-LSTM	CAN-LSTM
Bearing2_4	*RMSE*	0.153	0.131	0.081	0.067
	MAE	0.084	0.070	0.046	0.034
Bearing2_5	*RMSE*	0.237	0.184	0.105	0.087
	MAE	0.172	0.131	0.097	0.076
Bearing3_1	*RMSE*	0.139	0.100	0.099	0.085
	MAE	0.026	0.021	0.020	0.014
Bearing3_2	*RMSE*	0.284	0.247	0.200	0.149
	MAE	0.187	0.140	0.109	0.067
Bearing3_3	*RMSE*	0.084	0.050	0.047	0.044
	MAE	0.039	0.019	0.017	0.012
Bearing3_4	*RMSE*	0.067	0.050	0.048	0.044
	MAE	0.021	0.014	0.013	0.012
Bearing3_5	*RMSE*	0.221	0.168	0.135	0.119
	MAE	0.169	0.117	0.095	0.080

从表 9.4 可以看出，CAN-LSTM 模型的预测值相对于其他三种模型均具有较好的预测精度，且均方根误差和平方绝对误差均小于其他三种预测模型。将表 9.4 中各个模型的均方根误差和平方绝对误差算平均值，得到 4 种模型的综合均方根误差和综合平方绝对值误差，结果如表 9.5 所示。

表 9.5 留一法试验统计结果

误差项	CNN	LSTM	CNN-LSTM	CAN-LSTM
$\overline{RMSE}$	0.170	0.128	0.098	0.078
$\overline{MAE}$	0.105	0.076	0.058	0.043

从表 9.5 可以看出，CAN-LSTM 模型的综合 MAE 和综合 RMSE 比 CNN 模型低 54.12% 和 59.05%，比 LSTM 模型低 39.06% 和 43.42%，比卷积长短时记忆网络低 20.41% 和 25.86%。实验结果表明，该模型的准确性和适应性，在实际工业应用过程中具有一定的参考价值。

本章参考文献

[1] 周建民，张臣臣，王发令，等. 基于 ARMA 的滚动轴承振动数据预测[J]. 华东交通大学学报，2018，35（05）：99-103.

[2] 周建民，高森，张龙，等. 基于 RBF 和优化 Wiener 模型的轴承剩余寿命预测[J]. 控制工程，2022，29（02）：246-253.

[3] 李明爱，彭伟民. 基于残差模块和自注意力机制 GAN 的脑电信号增广方法[J]. 计算机应用，2022，42（S1）：80-86.

[4] 高金武，贾志桓，王向阳，等. 基于 PSO-LSTM 的质子交换膜燃料电池退化趋势预测[J]. 吉林大学学报（工学版），2022，52（09）：2192-2202.

[5] 向玲，刘佳宁，苏浩，等. 基于 CEEMDAN 二次分解和 LSTM 的风速多步预测研究[J]. 太阳能学报，2022，43（08）：334-339.

[6] 周建民，高森，李家辉，等. 基于卷积注意力长短时记忆网络的轴承寿命预测方法[J/OL]. 控制理论与应用，2022：1-8.

[7] 周建民，黄熙亮，熊文豪，等. 基于可视图谱信号特征提取的滚动轴承故障诊断[J]. 制造技术与机床，2022（09）：5-12.

[8] 游涛. 面向轴承智能诊断的特征提取及故障分类方法研究[D]. 南昌：华东交通大学，2021.

[9] 雷春丽，夏奔锋，薛林林，等. 基于 MTF-CNN 的滚动轴承故障诊断方法[J]. 振动与冲击，2022，41（09）：151-158.

[10] 黄宇，冯坤，高俊峰，等. 结合 LSTM 和 Self-Attention 的滚动轴承剩余使用寿命预测方法[J/OL]. 振动工程学报，2022：1-11.

[11] 李英顺，田宇，左洋，等. 基于 CEEMD-SA-RNN 的柴油机曲轴轴承磨损预测[J]. 车用发动机，2022（04）：85-92.

[12] Wang B, Lei Y G, Li N P, et al. A Hybrid Prognostics Approach for Estimating Remaining Useful Life of Rolling Element Bearings[J]. IEEE Transactions on Reliability, 2018: 1-12.

[13] Soualhi A, Medjaher K, Zerhouni N. Bearing health monitoring based on hilbert-huang transform, support vector machine, and regression[J]. IEEE Transactions on Instrumentation and Measurement, 2015, 64(1): 52-62.

[14] Singleton R K, Strangas E G, Aviyente S. Extended kalman filtering for remaining-useful-life estimation of bearings[J]. IEEE Transactions on Industrial Electronics, 2014, 62(3): 1781-1790.